カスピ海のパイプライン地政学

エネルギーをめぐるバトル

杉浦敏廣 著

EURASIA LIBRARY

ユーラシア文庫
20

目次

カスピ海のパイプライン地政学

エネルギーをめぐるバトル

はじめに　――炭化水素資源とは？――

「十九世紀は石炭の時代」、「二十世紀は石油の時代」「二十一世紀は天然ガスの時代」と言われている。では、十八世紀までは何の時代であったのか？

それまで人々は森林から木を切って、薪を主要熱源として利用してきた。ところが、十八世紀後半に蒸気機関が普及してくると熱源が薪だけでは足りなくなり、人々は化石燃料の石炭を原料として使うようになった。

石炭は「黒いダイヤ」とも呼ばれ船舶用燃料になったが、イギリス海軍が軍艦用燃料を石炭から石油（重油）に転換すると、他国の海軍も燃料転換し、船舶用燃料としての石油の需要が急増した。

石炭、石油、天然ガスは炭化水素資源と総称され、炭素の結合物である。最近流行りの「脱炭素」とはこの炭化水素資源からの脱却を意味する。

石油（オイル）は色々な意味で使われているが、ここでは石油は液体としての原油（Crude Oil）と石油製品（Oil Products）の総称として使用し、気体としての炭化水素資源を天然ガスとする。炭化水素資源の化学式は（CnH2n+2）である。原油は炭素が多数結合した液体であり、精製するとガソリンや軽油（灯油）や重油となり、これらを総称して石油と言う。

通常の天然ガスの主体は炭素一個のメタンだが、炭素が二個結合するとエタン、三個プロパン、四個ブタン、五個ペンタン、六個ヘキサンとなり、名称が決まっている。炭素が五個以上結合した状態では天然ガスは常温で液体となり、旧ソ連圏では「ガスコンデンセート」と呼ばれている。

米国では、シェールガス由来の液体ガスは「天然ガス液」（NGL／Natural Gas Liquids）と称される。NGLとLNG（液化天然ガス／Liquefied Natural Gas）は別物ゆえ、注意が必要である（時々混同している記述もあるので、敢えて注記する次第）。

石油は原油や石油製品を含む一般的な概念である。旧ソ連邦諸国では原油由来のガスコンデンセートが多いので、原油生産量にはガスコンデンセートが含まれている。

一方、米国では天然ガス由来のガス液が多いので、原油生産量には天然ガス液などは含まれず、原油生産量と天然ガス液生産量は別々に発表されている。

この生産量の考え方の違いが国際協議で重要になる。

石油輸出国機構（ＯＰＥＣ／代表格サウジアラビア）と非ＯＰＥＣ主要産油国（代表格ロシア）は、油価暴落を防ぐべく原油の協調減産を協議している。この会議をＯＰＥＣ＋《プラス》と呼び、二〇二〇年十二月現在の参加国は計二十三か国である。

二〇二〇年三月六日に開催されたＯＰＥＣ＋協調減産枠協議では合意に達せず、油価は暴落。米国の中小シェール企業は経営難となり、四月十二日のＯＰＥＣ＋とＧ20諸国による会議では地球的規模での協調減産枠を協議。この減産枠には「原油にはガスコンデンセートを含まず」と明記されたため、ロシアは厳しい協調減産枠に合意した。

第1章　カスピ海は海か湖か？

最近になりようやく、アゼルバイジャンはオイルダラーに湧く国として日本でも徐々に知られるようになってきた。また皮肉なことに二〇二〇年九月二十七日に再燃し、十一月十日停戦に達したナゴルノ・カラバフ紛争により、アゼルバイジャンやアルメニアが位置するコーカサス地域は世界の耳目を集める事態となった。

筆者は二〇〇四年から二〇一一年までの約七年間、アゼルバイジャン共和国の首都バクーに駐在して、カスピ海アゼルバイジャン領海における石油・天然ガスの探鉱・開発・生産業務とその輸送手段としてのパイプライン建設業務等に従事してきた。

筆者の赴任当初はカスピ海の石油・天然ガス関連事業に従事するビジネス関係者を除き、アゼルバイジャンと聞いてもほとんどの日本人は名前を聞いたこともなく、ましてその位置を正確に言える人はほぼ皆無であった。「え、アルゼンチンの間違いでは？」と問い返す人もいた。

しかしバクーと聞けば、たいていの日本人は「どこかで聞いたことがある名前だな」と思われるはず。そう、中学校の社会科の授業で必ず習う地名であり、帝政ロシアからソ連邦の時代、世界最大級の原油生産量を誇る世界原油生産の一大中心地であった。

現在のカスピ海は日本とほぼ同じ面積であるが、カスピ海は地質時代の後期頃までは黒海と繋がっていた。ゆえに元々は「海」であり水は海水だが、塩分濃度は海水の約三分の一である。一方、現在のカスピ海は海への接続が

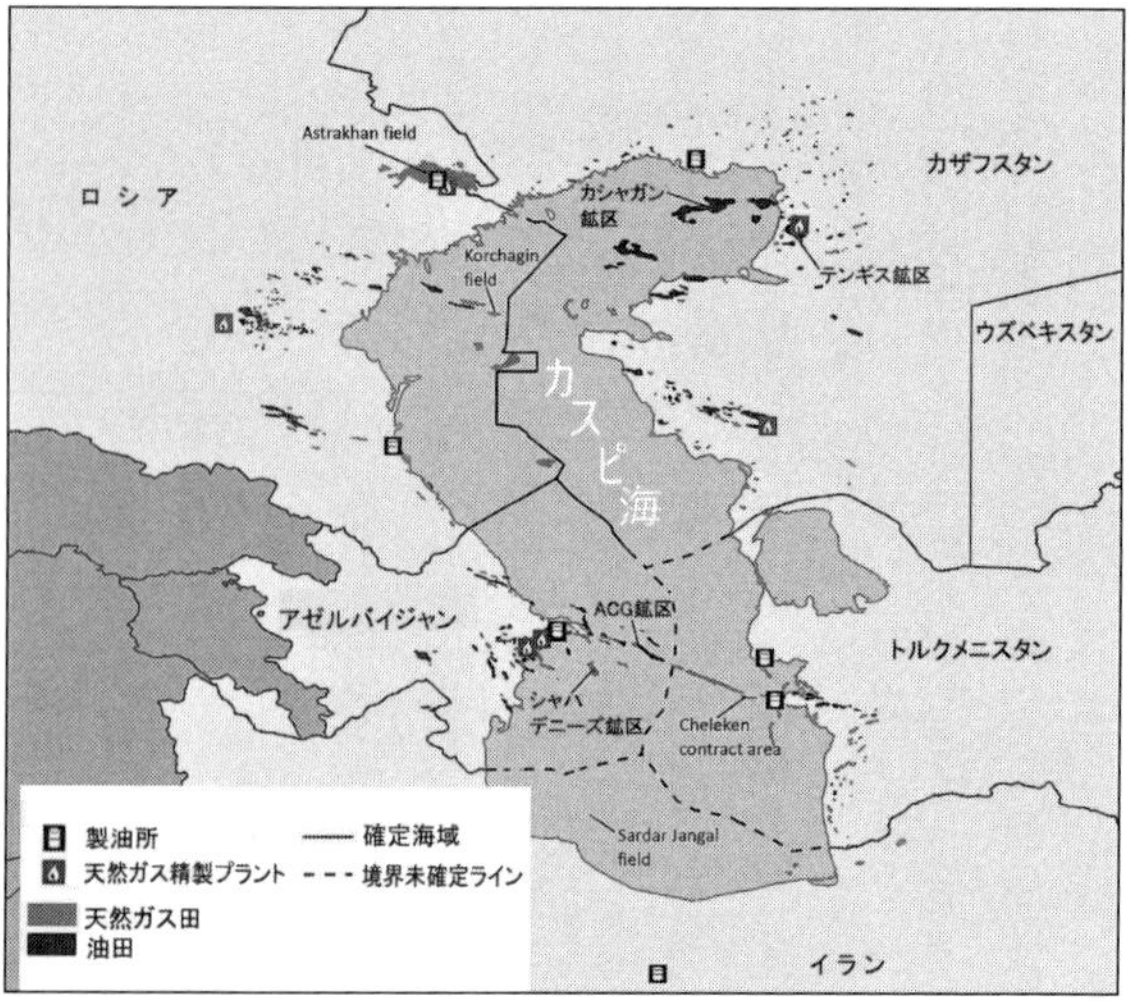

カスピ海の石油・天然ガス施設
（出所：米国エネルギー省エネルギー情報局＝EiA）

ないので、この意味では「湖」とも言える。

カスピ海は二つの問題を抱えていた。一つはカスピ海の法的地位問題（「カスピ海は海か湖か」）、もう一つは境界線画定問題であり、この二つの未解決問題が天然資源豊富なカスピ海の全面的な探鉱・開発作業の阻害要因になっていた。

ソ連邦は一九九一年十二月二十五日に解体された。カスピ海問題はソ連邦解体後に表面化し、九六年に沿岸国による最初の協議会が開催された。

その後紆余曲折を経て、カザフスタンのカスピ海沿岸アクタウ市にて二〇一八年八月十二日、第五回カスピ海サミットが開催され、カスピ海沿岸五か国の大統領はカスピ海協定書に調印。カスピ海問題が原則解決されたので、同地域の石油・天然ガス開発事情は今後、大きく変貌を遂げるだろう。

1　カスピ海問題とは？

カスピ海は海か湖か？

どちらでもいいではないかと思われるかもしれないが、実は「海」か「湖」かで沿岸国の法的権利が異なる。湖であれば、そこにある資源は沿岸国の共有財産になる。海であれば領海の概念が発生、資源は沿岸国固有の財産になる。

ソ連邦（ソビエト社会主義共和国連邦）の時代、カスピ海沿岸国はソ連邦とイランの二か国であった。

ソ連邦には海洋鉱区の探鉱・開発技術は無く、カスピ海の探鉱・開発は進んでいなかった。浅瀬の北カスピ海には天然資源がありそうだと予測されてはいたが、何がどれほどあるのか不明であった。

カスピ海の資源と言えば漁業資源（主にチョウザメ）のみで、両者はカスピ海を「湖」と認識して、回遊する海洋資産は共有資産とみなされ、平和共存の時代が続いていた。

ところが一九九一年末のソ連邦解体と共に、カスピ海沿岸国はロシア・カザフスタン・トルクメニスタン・イラン・アゼルバイジャンの五か国になり、以後長きに亘り、カスピ海境界線画定問題は延々と続いた。

ソ連邦から新たに独立したアゼルバイジャン、カザフスタン、トルクメニスタンの三国は自国に資金も技術もないので外資を導入して、カスピ海沿岸の海洋探査を開始した。すると自国沿岸沖合いに油兆（油層が存在する兆候）が見つかり、「カスピ海は海」と主張して領海宣言した。これは、自国沖合で資源を発見した沿岸国としては当然の行為と言える。

一方、ロシア沿岸沖合いには油兆がなく、イランの沖合いは水深が千メートル超と深く、外資も導入していないので、探鉱・開発は行われなかった。故にロシアとイランは当初「カスピ海は湖」と主張していたが、

	原油		天然ガス	
	埋蔵量（十億トン）	生産量（百万トン）	埋蔵量（兆 m^3）	生産量（十億 m^3）
ロシア	14.7	568.1	38	679
カザフスタン	3.9	91.4	2.7	23.4
トルクメニスタン	0.1	12.5	19.5	63.2
イラン	21.4	160.8	32	244.2
アゼルバイジャン	1	38.1	2.8	24.3
五か国小計	41.1	870.9	95	1034.1
世界全体	244.6	4484.5	198.8	3989.3
周辺五か国シェア	16.8%	19.4%	47.8%	25.9%

表1．カスピ海沿岸五か国の原油（ガスコンデンセートを含む）と天然ガス（英BP統計資料2020年版より筆者作成）

一九九八年にロシア沿岸の沖合いで油兆が発見された。するとロシアは直ちに「カスピ海は海」と宣言した。

イランは現在でも「カスピ海は湖」と主張しているが、今後もし自国沖合に油兆やガス兆が発見されれば、「カスピ海は海」と主張することになるだろう。

2　カスピ海サミット——経緯と結論

ソ連邦は一九九一年末に解体され、カスピ海沿岸諸国は従来の二か国から五か国になった。カスピ海には法的地位問題（カスピ海は海か湖か）以外に、領海画定問題が並存する。ロシア、カザフスタン、アゼルバイジャン三国間では領海画定しているが、トルクメニスタンは隣国カザフスタンとイラン、及び対岸のアゼルバイジャンと今でも領海画定問題を抱えている。

カスピ海の法的問題と領海画定問題を解決すべく、沿岸五か国の次官級実務者会議と首脳会議が定期的に開催されてきた。

第一回カスピ海サミットは二〇〇二年、ロシアで開催された。ロシアはカスピ海の海中資源を沿岸諸国の共有財産として、カスピ海の海底を周辺五か国沿岸から中間線で分割することを提案した。この提案に対し、カザフスタンとアゼルバイジャンは賛成したが、イランとトルクメニスタンは自国海域が全体の二十％以下になるので反対した。

第二回カスピ海サミットは二〇〇七年十月にイランの首都テヘランで開催され、「テヘラン宣言」が採択された。同宣言ではカスピ海沿岸五か国のみがカスピ海問題を協議する権利があると謳われ、問題解決のために武力を使用しない点で合意に達した。

第三回カスピ海サミットは二〇一〇年十一月、アゼルバイジャンの首都バクーで開催された。当該五か国の首脳は「バクー共同宣言」を採択し、引き続き領海画定問題を平和裏に解決する努力を継続することで合意した。

第四回カスピ海サミットは二〇一四年九月、ロシア南部のアストラハンで開催された。この会議では境界線画定問題を協議し、問題解決に向けて具体的に動き出すことになった。同サミットでは、沿岸五か国は沿岸二十五海里に、国家主権（十五海里）と漁業権（その外側十海里）を行使する水域を設けることで合意に達したが、二十五海里以遠は未決着となった。

第四回カスピ海サミットにおいて沿岸五か国は、今後二年以内にカザフスタンの首都アスタナで開催予定の第五回カスピ海サミットにおいてカスピ海問題の最終合意を目指すことで合意に達した。しかし二〇一六年末までに第五回カスピ海サミットは開催されず、第五回カスピ海サミットはカザフスタンのカスピ海沿岸アクタウ市にて二〇一八年八月十二日に開催され、カスピ海沿岸五か国の大統領はカスピ海協定書に調印した。

過去には、外資コンソーシアム（企業連合）がアゼルバイジャンとイランの境界未画定海域で探鉱しようとして掘削リグを曳航した際、イラン海軍の軍艦や戦闘機が飛来して、掘削リグを係争海域——カスピ海の係争地域とは、キャパス（アゼルバイジャンの呼称）vs セルダル（ト

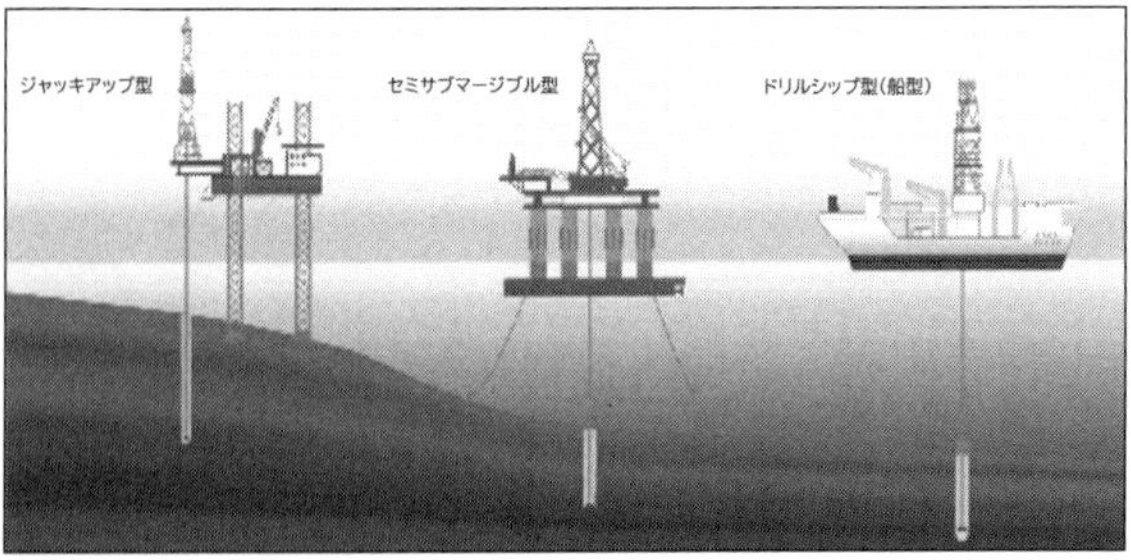

海洋掘削リグ
ジャッキアップ型（浅瀬用 / 最大水深 120m 程度）
セミサブマージブル型 (水深 100m ～最大水深 500m 程度)
ドリルシップ型 (船型)(深海用 / 例 : 「ちきゅう」最大水深 2500m)
原油・天然ガスを生産しないので、海底パイプラインは建設しない
（図版提供 : 日本海洋掘削株式会社
http://www.jdc.co.jp/business/offshore/rigtype.php）

ルクメニスタンの呼称）鉱区（二〇二一年一月、共同開発で合意）、アゼリvsオスマン鉱区、チラグvsオムラ鉱区等を指す――から撤収した事例も発生している。第五回首脳会議でカスピ海の法的地位問題と領海画定問題が原則決着したので、カスピ海における各国の原油・ガスの探鉱・開発計画は今後、後顧の憂いなく促進されることになるだろう。

二〇一八年八月十二日に調印された「カスピ海の法的地位に関する協定書」の主要合意事項は以下の五点となる。

①カスピ海は「海」でも「湖」でもない、特別な法的地位を有する「大陸内水域」と規定する（第一条ほか）。

＊註―海ではないので、一九八二年に採択された国連海洋法はカスピ海には適用されない。

②カスピ海沿岸五か国は内海――領海（沿岸から十五海里）と漁業専管水域（領海の外側十海里）――に国家主権を有する。沿岸から二十五海里以遠は沿岸五か国の「カスピ海共同利用水域」とする（第一、五、六、七条ほか）。

＊註―カスピ海沿岸国はカスピ海を中間線の原則に従って分割することを放棄した。

③カスピ海共同利用水域では沿岸五か国のみに自由航行を認める。カスピ海沿岸五か国以外の海軍力プレゼンスとカスピ海沿岸港の利用を認めない（第三条）。
④海底境界線と海底地下資源は隣接・係争する二国間の協議に委ねる（第八条）。海底パイプライン建設と海底ケーブル敷設は、当該国同士の合意で建設可能とする（第十四条）。ただし環境アセスメントを行い、沿岸五か国の同意を必要とする（別途プロトコル署名）。
⑤「カスピ海の法的地位に関する協定書」は沿岸五か国による批准後、相互通知を以て発効する（二十二、二十三条）。協定期限は無期限。正文はロシア語・カザフ語・アゼルバイジャン語・トルクメニスタン語・ペルシャ語・英語とし、各正文は同等の権限を有する（第二十四条）。旧ソ連邦時代のソ連邦・イラン間合意事項は、今回の協定書発効後、失効する。

カスピ海サミットの勝者は？

ロシアのプーチン大統領は、第五回カスピ海サミットで調印された「カスピ海の法的地位に関する協定」を「エポック・メーキングな出来事」と評した。カザフスタンのナザルバエフ大統領は同協定を「カスピ海憲法」と呼んだ。国連のグテーレス事務総長は「地域間緊張緩和に向けての重要な一歩」と歓迎した。

イランは中東情勢の緊迫化を受け、従来「カスピ海は湖」と主張してきたが、この点では多少なりとも態度を軟化せざるを得なかった。

協定書調印はロシア外交の勝利と言える。ロシアにとり最大の成果は沿岸五か国のみの艦船運航が合意されたこと（この点ではイランも勝利者になる）。この結果、外国艦船のカスピ海運航が否定され、カスピ海共有水域におけるロシアの制海権が確立することになった。換言すれば、ロシアは今後、他のカスピ海沿岸国の領海と漁業専管水域を除くカスピ海共有水域全域を軍事目的に使用する公式の権利を得たことになる。

シリア反政府勢力に対する巡航ミサイルがカスピ海に遊弋《ゆうよく》するロシアのカスピ海艦隊から発射されたことを想起すれば、これは今後の中東政策を推進する上でロシアにとり大きな成果となるだろう。そのカスピ海艦隊は、従来のヴォルガ川沿岸の艦隊根拠地アストラハンから、アゼルバイジャンに近いカスピ海沿岸カスピスクに移転が決定した。艦隊根拠地がカスピ海沿岸ともなればカスピ海に即出動可能となり、アゼルバイジャンやカザフスタンに対する無言の圧力にもなるだろう。

カザフスタンの港が米軍やＮＡＴＯ（北大西洋条約機構）に使用されるかもしれないとの噂も流れる中、このような懸念を払拭すべく他の沿岸四か国首脳から第三国の軍事プレゼンスを否定する確認を取りつけたことは、ロシアの大きな外交成果になった。

外国の軍艦が黒海―アゾフ海からカスピ海に入るにはヴォルガ―ドン川通航が必要になる。両河川と運河は国際河川ではなくロシアの国内河川ゆえ、ＮＡＴＯ軍艦は通航できない。しかし理論的には、カスピ海沿岸の造船所で小型軍艦を建造して港を租借すれば軍艦航行は可能になるのだが、今回の合意でこの懸念は払拭された。

カザフスタンとトルクメニスタンとアゼルバイジャンにとり最大の成果は、海底パイプラインが当該国同士の合意で建設可能となった点である。

なお、「環境アセスメントが必要」は自明の理と言えよう。

第五回カスピ海サミットでロシアが譲歩したのは以下の二点のみとなる。

①ロシアは従来、「カスピ海は海」と主張していたが、「海でも湖でもない特別な法的地位」と譲歩した点。

②ロシアは従来、カスピ海横断海底パイプライン建設には沿岸五か国の同意を必要とす

ると主張してきたが、海底パイプライン建設構想は当該国間の合意で建設可能と譲歩した点。

しかし、この二点は小さな譲歩である。ロシアが「海でも湖でもない」と譲歩したのは、イランの立場を考慮した結果と言えるだろう。第五回カスピ海サミット協定書では、沿岸から二十五海里以遠の水域は沿岸五か国の共同利用水域、海底分割は当該二国間の協議に委ねると規定された。この点、第五回協定合意は懸案事項の先送りにより実現したとも言える。イランは「海」に同意しておらず、この点では玉虫色の結論になった。これは沿岸五か国が「ゲームの共通ルール」を策定する能力に欠けていたことを示唆している。今後も二国間係争水域の境界線画定交渉が続き、係争水域における石油・ガス鉱区の探鉱・開発は実現困難と言わざるを得ない。

一方、今回の合意の敗者は米国と中国と言えるだろう。カザフスタンの港に米軍・NATOのプレゼンスを確立したい米国の意向は実現不可能となった。

三本の天然ガス幹線パイプラインを建設してトルクメニスタン産天然ガスを輸入している中国にとり、トルクメニスタン産天然ガスが欧州側に流れる構図が原則可能になった点、中国は苦々しく感じていることだろう。

ロシアはなぜカスピ海横断海底パイプライン建設構想反対を取り下げたのか？

ロシアは従来、トルクメニスタン側からアゼルバイジャン向けカスピ海横断天然ガス海底パイプライン建設構想ＴＣＰ（Trans Caspian Pipeline）に反対してきた。しかし第五回カスピ海サミットで調印された協定書第十四条には、カスピ海横断海底パイプライン建設構想は当該国間の合意で建設可能と明記された（環境アセスメントは必要）。

ではなぜロシアは従来反対してきたＴＣＰ建設構想反対を取り下げたのだろうか？　これはプーチン大統領の現実主義政策に基づくものと言えるだろう。今後の課題は、ＴＣＰを建設する場合、誰が主体者となり建設するのか、資金負担はどうするのか、天然ガス供給源の新規開拓、欧州天然ガス需要家との交渉等々、極めて実務的な交渉になる。経済性がなければパイプライン建設構想は成立しないので、まさにこれからが本番と言える。

しかし筆者は、ロシアがＴＣＰ建設反対を取り下げた真の理由は、ＴＣＰが実はロシアにとり脅威とならないと判断したからだと考えている。現状では、誰がＴＣＰを建設するのか、誰が資金負担するのか、天然ガスの新規需要は存在するのか等々、問題は何一つ解決されていない。ＴＣＰが将来建設されるとしても、どんなに早くてもこれから五年後以降になるだろう。ロシアはその前にバルト海経由の「ノルト・ストリーム」と黒海経由「トルコ・ストリーム」で、欧州市場におけるロシア産ガスのシェアを維持・拡大できることになるだろう。これが第五回カスピ海サミットを二年間も開催延期した背景と筆者は考えている。

　トルクメニスタンは天然ガス埋蔵量こそ豊富だが、同国最大のガス田ガルクィヌィシュ鉱区は硫黄分を六％含んでおり、脱硫装置が必要となる。しかし現状、同鉱区開発第一段階（中国向け天然ガスパイプラインＡ・Ｂ・Ｃ線）用脱硫装置しか存在せず、第二段階（中国向けパイプラインＤ線、あるいはトルクメニスタン国内東西接続パイプライン）用と第三段階（ＴＡＰＩパイプライン（トルクメニスタンからアフガン～パキスタン経由インド向け天然ガスパイプライン建設構想））用脱硫装置は存在しない。この意味で、ガルクィヌィシュ鉱区は埋蔵量こそ豊富だが、現行のガス生産量は既に頭打ちと言える。

　もう一つ問題がある。トルクメニスタン産天然ガスがトルクメニスタン国内東西接続パイプライン～ＴＣＰ（カスピ海横断パイプライン）～ＳＣＰ（南コーカサスパイプライン）～

TANAP（トルコ国内東西接続パイプライン）～TAP（アドリア海経由パイプライン）で南欧・中欧に輸出される輸送インフラ網が構築できたとしても、天然ガスの輸送料金が高くて、価格面でとてもロシア産天然ガスに太刀打ちできないだろう。

国連海洋法とパイプライン

最近、ロシアからバルト海経由ドイツ向け天然ガス海底パイプライン「ノルト・ストリーム2」（Nord Stream 2／NS2）が一般紙でもよく話題に上るようになった。この海底パイプラインは既存の「ノルト・ストリーム」（NS1）に並行して建設中のものであり、「ノルト・ストリーム2」と命名された。NS1はデンマーク・ボルンホルム島の領海を通過しているが、米国の圧力によりデンマーク政府はNS2の領海通過を認めなかった。

そこでパイプライン建設・運営主体者たるロシアのガスプロムはデンマーク領海から排他的経済水域に建設ルート変更したが、デンマーク政府は米国政府の意向を受けて、許可発給を遅らせた。この結果二〇二〇年十二月現在、総延長2440キロメートル（1220キロ×2本）のうち2280キロメートル分の海底パイプラインは敷設済みとなり、残り160

キロメートル（80キロ×２本）分のデンマーク排他的経済水域区間は未着工区間となっている。現在でも米国やウクライナ、ポーランド等が盛んにＮＳ２建設反対運動を展開しているが、自国の排他的経済水域を通過していない海底パイプライン建設構想に反対する法的権利は彼らにはない。

米国がノルト・ストリーム２建設に反対する理由は、二〇一三年秋に始まるウクライナ問題と二〇一四年三月十八日のロシアによるクリミア半島併合に起因する。ロシアによるクリミア半島併合後、米国の対露経済制裁措置は強化されているが、米国の真の狙いは米国産ＬＮＧ（液化天然ガス）の欧州市場向け拡販と考えられる。米国産ＬＮＧとロシア産パイプラインガスは欧州市場で競合しており、ノルト・ストリーム２が完工すれば、ロシアの対欧州ガス供給能力は拡大する。

ではここで、海底パイプライン建設構想に関する法的根拠を検証したい。

国連海洋法（第七十九条）では、すべての国は基本的に海底電線と海底パイプライン敷設権を有しており（第一項）、沿岸国は大陸棚でのパイプライン建設を妨げることはできず（第二項）、介入できるのは環境問題に絡むルート設定のみ（第三項）と規定されている。

即ち、沿岸国は自国領海内のパイプライン建設に反対する権利はあっても、排他的経済水域における海底パイプライン建設に反対する権利は有せず、「いわんや第三国をや」となる。

パイプライン一口メモ①／パイプラインとは？

ここまでで既にパイプラインという言葉が何回もでてきましたが、改めて問います。パイプラインとは何でしょうか？

ここでは最初に鋼管（パイプ）の話をしたいと思います。鋼管には大きく分けて、縦に使う鋼管と横に使う鋼管があります。

縦に使う鋼管は業界用語では油井管と呼ばれ、掘削用ドリルパイプ、ケーシング、チュービング等があり、ネジで接続されます。

横に使う鋼管は配管（ラインパイプ）と呼ばれ、ラインパイプを現場で溶接して繋ぐとパイプラインになります。

油田やガス田で掘削して原油や天然ガスを生産する鋼管が油井管、生産された原油や天然ガスを輸送するインフラがパイプラインです。パイプラインとは水、原油、石油製品、天然ガスや細かく砕いた石炭などを輸送する輸送インフラの総称です。

　日本には海外からの国際幹線パイプラインがありませんので、パイプラインを身近に見る・接触する機会がほとんどありません。しかし欧米では、原油や石油製品や天然ガスを輸送する国際パイプライン網が張り巡らされています。

　世界で最初の本格的な輸出用国際パイプラインは旧ソ連邦の西シベリアから西ドイツ（当時）向けの天然ガスパイプラインです。一九七〇年代初頭には、西シベリア産天然ガスの西ドイツ向け輸出が始まりました。

　ソ連邦には当時、輸送用高品質大径鋼管を製造する技術がなかったので、天然ガスパイプライン用大径鋼管を日本と西ドイツから輸入しました。大径鋼管とは通常、口径20インチ（508ミリ）以上の鋼管を指し、厚板から製管されます。天然ガスパイプライン用大径鋼管の最大口径は56インチ（1422ミリ）で、この口径が一番経済性の高い口径と言われています。日本から旧ソ連邦や新生ロシア連邦に輸出された大径鋼管も口径56インチで、原油・石油製品用鋼管はもう少し小さな口径になります。

　筆者は入社後、この大径鋼管の旧ソ連邦・新生ロシア連邦向け輸出業務に従事しておりました。現在では、輸送用パイプラインは全線埋設されるか、架台を作りその上に置かれる形で建設されます。地上にそのまま建設すると小動物の往来ができなくなり、動・植物相が変わり環境に悪影響を及ぼすからです。

旧ソ連邦諸国や欧米では、パイプラインは全線埋設される事例が多いのですが、それには理由があります。寒冷地でパイプラインが地上に敷設されていると温度の影響を受け、内部の流体物が凝固して、速度が遅くなる場合があります。地中は暖かく、昼夜の温度差も低いので、内部の流体物は余り影響を受けません。もちろん、安全面の問題もあり埋設されます。

パイプラインは全線埋設されますので、埋設用の穴掘りが必要になります。大径鋼管を地上で溶接工が溶接後、埋設用の穴を掘り、穴の中に下ろしていきます。この時、多くの各種建設機械が必要になるので、輸送用パイプラインを建設する時は土地収用の際、幅を広くとります。

民間企業がパイプラインを建設する場合、以下の三要素を検討します。

・輸送する資源は存在するのか？

・その資源に需要はあるのか？
・パイプライン建設・操業費は回収可能か？

この三要素が満たされれば、パイプラインを建設します。土地代金が安い地域ではパイプライン建設は盛んですが、日本のように土地代金が高い国では、パイプライン建設はコスト的にも莫大な金額となり、経済性の問題がでてきます。

第2章　石油・天然ガス探鉱開発と輸出

今、カスピ海周辺地域におけるエネルギー事情が大きく変貌を遂げようとしている。

ＥＵ（欧州連合）はカスピ海周辺地域からロシアを迂回する天然ガス供給構想を「南エネルギー回廊」と命名、ＥＵは対露天然ガス依存度を軽減すべく同構想の実現を支援してきた。この構想実現の重責を担うのがアゼルバイジャンである。この構想はバクー近郊カスピ海沿岸サンチャガル陸上基地を起点として、カスピ海シャハ・デニーズ海洋鉱区の天然ガスをジョージア（グルジア）～トルコ～ギリシャ経由南欧に輸出し、ギリシャからブルガリア向けには支線パイプラインを建設する。

しかし、アゼルバイジャンには十分な天然ガス輸出余力は存在しない。一方、トルクメニスタンはカスピ海横断海底パイプラインを建設して自国産天然ガスをこのガス回廊に接続し、欧州向けに天然ガス輸出を望んでいる。同国南東部の大ガス田ガルクィヌィシュ鉱区からカスピ海沿岸まで全長７７３キロメートル（口径56インチ）の幹線パイプラインは既に二〇一五年末に建設・完工済みであるが、遊休施設となっており、同国は有効利用を模索している。このカスピ海海底パイプライン建設構想が脚光を浴びた理由は、欧州ガス市場におけるロシア産天然ガスのシェアが四割を超えたことに起因する。

第五回カスピ海サミットにてカスピ海の法的地位問題と境界線画定問題が原則解決したので、今後カスピ海における各国の天然資源探鉱・開発計画は後顧の憂いなく促進されることになり、従来から話題になっているカスピ海横断海底パイプライン建設構想は再び脚光を浴びることになるかもしれない。

ではここで、カスピ海水域における原油・天然ガス埋蔵量を概観しておきたい。

	原油（10億バレル）	天然ガス（兆 m^3）
ロシア	6.1	3.0
カザフスタン	38.0	2.9
トルクメニスタン	1.9	0.5
イラン	0.5	0.05
アゼルバイジャン	8.5	2.6
カスピ海小計	55.0	9.05
世界計	1733.9	198.8

表 2. カスピ海周辺国の原油と天然ガスの埋蔵量
（世界計は英 BP、カスピ海は IEA 資料による）

表2にみられるように、カスピ海水域の原油・ガス確認埋蔵量は世界の埋蔵量の約3～4％に相当する。

我々は日常、何気なく「埋蔵量」という言葉を使っている。新聞記事やテレビ報道でも頻繁に登場するが、埋蔵量の具体的な意味を知っている人は意外に少ないように思えるので、最初に埋蔵量に少し言及したい。

日本には油田・ガス田の探鉱・開発現場が少数の例外を除き存在しないので、油田・ガス田の探鉱・開発・生産・輸送分野は馴染みある分野ではない。

トルコのエルドアン大統領は黒海の自国排他的経済水域でガス兆が発見されたので三年後には生産開始を希望していると述べているが、実際の探鉱・開発の世界ではそれは不可能だろう。

地下数千メートルに何かあるのかないのか、あるとしたら何があるのかは実際に「試掘」（試し掘り）してみないと分からない。技術が進んでいる現在でも、この事情は同じである。

地下に何かある場合、その量を埋蔵量と言うが、埋蔵量には定量概念と定性概念の二つがあり、欧米大手石油会社（メジャー系）の埋蔵量概念と旧ソ連邦諸国の埋蔵量概念は定量面・

定性面ともに異なる。

定量面では、欧米で言う埋蔵量とは埋蔵量に対する「確率」（予測の精度）の概念である。一方、旧ソ連邦諸国の埋蔵量は「資源在庫表作成」の概念であり、ある鉱区において油兆が発見されてから開発・生産にいたる過程を分類したものである。

定量概念はさらに四つに分かれる。

地下数千メートルに何がどれだけの量が存在するのかを「原始埋蔵量」、その量から実際にどれだけの量を採取可能かというのが「可採埋蔵量」、その量は推測なのか（「推定埋蔵量」）なのか、確認された量（「確認埋蔵量」）かという分類になる。

試掘しても油兆・ガス兆がない事例が多く、この段階で探鉱計画は中止になる。

試掘して油兆やガス兆があると、次はその油層やガス層の厚さや拡がりを調査するために、「評価井」を掘削する。この段階で確認埋蔵量が計算される。確認埋蔵量が算出されると、地下から採取してその産出物を販売して得られる金額（売上）と投入する経費（コスト）を天秤に掛け、実際の開発・生産段階に移行するかどうかを決定する。赤字事業と判断されれば、実際に掘削した評価井を廃坑にする。開発・生産段階に移行すると決定すれば、次は資金を大量に投入して「生産井」を掘削し、処理施設やパイプラインを建設する。

欧米式確率論に対し、旧ソ連邦諸国の埋蔵量は開発段階別の資源在庫表の概念であるが、ここでは各論には入らない。定性面で重要な点は、技術的に採取可能な埋蔵量か、商業的に採取可能な埋蔵量かという点である。ソ連邦諸国は国家予算を投入して探鉱・開発作業に従事してきたので、経済性の概念はなく、その時点での最新技術を投入すると物理的にどれほどの原油・ガスを採取できるのかという考え方をする。

一方、欧米石油企業は民間企業が主体なので、その事業が経済性があるのかないのか判断する。換言すれば、同じ確認埋蔵量であっても西側と旧ソ連邦諸国では実態が異なる。どちらかが正しくてどちらかが間違っているということではなく、探鉱・開発に関する哲学・考え方の相違に起因する。

しかしソ連邦解体後の新生ロシア連邦では現在、埋蔵量概念の抜本的見直しが行われている。付言すれば、欧米式可採埋蔵量の概念では油価が高くなれば商業的に採取される可採埋蔵量は増え、安くなれば減少する。

1　アゼルバイジャン

大コーカサス山脈

カスピ海と黒海の間には東西約千キロメートルにわたり、大コーカサス（カフカース）山脈が走っている。バクーから隣国ジョージアの首都トビリシに飛ぶ時は右側窓側の席に、トビリシからバクーに飛ぶ時は左側窓側の席に座ることをお薦めしたい。晴れた日には眼下に、夏でも雪を抱く大コーカサス山脈の勇壮なる景色の一部を堪能できるだろう。

この大コーカサス山脈の南側は「ザカフカース」と呼ばれているが、これはあくまでロシア側から見た呼び名である。露語の「ザ」は「～の向こう側」という意味の前置詞。即ち、帝政ロシアの中心から見て、大コーカサス山脈の向こう側を「ザカフカース」と呼んだのである。この地域には現在、アゼルバイジャン、ジョージア、アルメニアの三か国が位置する。

バクーの語源

太古の昔よりバクーでは至る所、地下から火が湧き出ていた。人々はそれを神と崇め、畏れ慄いていた。紀元前四世紀頃、古代マケドニアのアレキサンダー大王の東征が始まると、古代ペルシャは征服され、ゾロアスター（拝火教）教徒は祖国を逃れ、離散。やがてカスピ海西岸の一角に火の湧き出る地を発見。一部のゾロアスター教徒はその地に定住し、寺院を建立。以後、ゾロアスター教が栄えることになった。また更に東進してインドに達したゾロアスター教徒もいた。彼らはインドでパールシー（ペルシア）教徒と呼ばれた。

そこではいつも風が吹いており、古代ペルシャ人はその地を「バード・クーベ」と名づけた。その意味は「風の吹く土地」、現在のアゼルバイジャン共和国の首都バクーの語源となった。

ゾロアスター教（拝火教）の聖地

紀元七世紀になると、イスラム教徒がこの地に侵攻した。一神教のイスラム教徒は偶像崇拝の民ゾロアスター教徒を迫害して、寺院は破壊された。

その後十六世紀に入ると、インド商人がシルク・ロード沿いの陸路を一年以上かけてこの地にやって来るようになった。目的は岩塩。当時のインドには塩がなく、バクーの岩塩は貴重品であった。インド商人はこの地で同じく火を崇めるゾロアスター教の寺院跡を発見、破壊された寺院を再建した。

ゆえに再建されたゾロアスター寺院の壁にはペルシャ文字とサンスクリット文字の二か国語で祈祷の言葉が記されており、今でもインドのパールシー教徒が年一回、この寺院に巡礼に訪れる。

この寺院がゾロアスター教の聖地となったのもむべなるかな。十九世紀までは永遠の火が燃え続け（今は都市ガスだが）、寺院周囲はアゼルバイジャン国営石油会社（SOCAR）の油井が林立。同地では十九世紀中葉から、良質な原油を生産している。

また寺院の隣には、今は廃墟となっているが元素周期律表の考案者メンデレーエフが勤めた化学工場もあり、ここではバクー原油から灯油を生産していた。ノーベル兄弟やロート・シルト（赤い楯）家が財を成したのも、バクー油田が原動力となった。

燃える丘

バクー市郊外に、「ヤナル・ダグ」（燃える丘）と呼ばれる観光名所がある。そこでは、太古の昔から火が湧き出ている。雨が降ると火は消えるが、地下で永遠の火（天然ガス）が燃えているので、乾くとまた火が噴き出す。

バクー飛行場近郊のゾロアスター教寺院跡では、十九世紀まで同じく永遠の火が燃えていたが、地震の際地下に断層が出来て、火は止まってしまった。

名は体を現す。国名アゼルバイジャンの意味は「Land of Fire」。当地がゾロアスター教（拝火教）の聖地となったゆえんでもある。紀元前のゾロアスター教徒も、この火を崇めていたのであろうか。

十九世紀最後の哲学者ニーチェは言った、「Gott ist tot」。日本語では「神は死んだ」と訳されているが、実はこの日本語訳は正しくない。ドイツ語を忠実に翻訳すれば、「神は死んでいる」となる。「死んだ」というドイツ語の現在完了形では今まで神は存在したことになり、「死んでいる」では長い間存在しない状態を表す。

ニーチェにとり、神の概念に代わる存在は「超人」（Übermensch）であり、ニーチェがこの超人に語らせた書こそ、洛陽の紙価を貴からしめた哲学書「Also sprach Zarathustra」(「ツァラツストラかく語りき」)。このツァラツストラこそ、ゾロアスター教の教祖ゾロアスターに他ならない(ゾロアスターのドイツ語読みがツァラツストラ)。即ち、ニーチェの無神論の行き着いた先が、拝火教の教祖になったと言えようか。

絹の道

紀元前一世紀頃から元の時代にかけ、中国の長安から地中海東部に至る交易路があった。この交易路には天山北路・天山南路・西域南路の三つのルートがあり、東西の文物が行き交い、人々は未知なる地に想いを馳せてきた。

正倉院には古代ペルシャの文物が保管されており、マルコ・ポーロは「黄金の国」到達を夢みていた。砂漠を横断する駱駝の隊商は点在するオアシスを目指し、「キャラバン・サライ」と呼ばれる宿場で束の間の憩いをとっていた。バクーは東西文明の十字路となり、駱駝の隊商が行き交い、城壁に囲まれたバクー旧市街には、その名も「キャラバン・サライ」という中世に建てられたレストランがある。ここはまさに、駱駝の隊商の宿場であった。

やがて十九世紀に入ると、ドイツの地理学者リヒトホーフェンはこの交易路を『ザイデン・シュトラーセ』(Seidenstrasse)と命名した。日本語に訳せば、文字通り「絹の道」。そう、「シルク・ロード」の原語はドイツ語である。

2 アゼルバイジャンの石油・天然ガス事情

世界最古の原油生産地――バクー陸上油田

バクー陸上油田は世界最古の商業油田である。原油生産開始は一八四八年。米国はバクーに遅れること約十年、ペンシルベニアで原油生産を始めた。

アゼルバイジャンの原油生産は一八七一年から記録が残っているので同年が原油生産開始と報じられることが多いが、商業油井が掘削され、原油生産を開始したのは帝政ロシア時代の一八四八年に遡る。バクーは帝政ロシアからソ連邦の時代、世界最大級の原油生産量を誇る、原油生産の一大中心地であった。

十九世紀末、世界の年間原油生産量は約2200万トン。そのうち半分がバクー陸上油田の原油であった。ノーベル兄弟が財を成したのはバクー原油であり、ロート・シルト（ロスチャイルド）家はバクー原油を運ぶ鉄道建設に融資して財産を築いた。

かの有名なスパイ、ゾルゲが生まれたのもバクーである。母親はロシア人、父親はドイツ人石油技師。バクー市内の冠ゾルゲ記念公園には、大きなゾルゲの顔が飾られている。なお、ゾルゲはＧＲＵ（赤軍参謀本部情報総局）の諜報員であり、一九五四年の改組でできたＫＧＢ（ソ連国家保安委員会）のスパイではない。

独ソ戦が始まるとバクー原油はソ連邦の原油生産の七割以上を賄い、四一年にはバクー原油生産量は２３５０万トンを達成。この年、ソ連邦時代の原油生産においてバクー油田は最大生産量を記録。その後長年にわたり、この記録が破られることはなかった。歴史にもしもは禁句だが、もしもバクー油田なかりせば、赤軍はドイツ軍に負けていたかもしれない。ドイツ軍はこのバクー油田を目指し進軍したが、峻険なる大コーカサス山脈に行く手を阻まれ、退却を余儀なくされた。英国のチャーチル首相は、もしバクー油田がドイツ軍に占領された場合、空襲で油田破壊を計画していたとも言われている。

この原油最大生産量の記録が塗り替えられたのは、戦後も戦後、なんと二〇〇六年のことになる。この年のアゼルバイジャン原油生産量は３２００万トンとなり、六五年後にやっと原油最大生産記録が更新された。内訳はカスピ海アゼリ・チラグ・グナシリ（ＡＣＧ）海洋鉱区の原油生産量が２３００万トン、バクー陸上油田９００万トンとなった。ちなみに二〇〇五年の原油生産量は計２２００万トンであった。バクー陸上油田の原油生産量は年々減少しているので、陸上油田としては一九四一年の原油生産量２３５０万トンは永遠不滅の記録になるだろ。

アゼルバイジャンの原油・天然ガス埋蔵量

アゼルバイジャンの原油・天然ガス確認可採埋蔵量は表３の通り。

独立直後のアゼルバイジャンは混乱していたが、旧ソ連邦時代に第一副首相まで務めた故ヘイダル・アリエフ氏が九三年六月に同国第三代目の大統領に就任後、国内情勢は安定した。

情勢が安定すると、ヘイダル・アリエフ大統領はカスピ海の海洋開発に積極的に乗り出す政策を採用し、駐アゼルバイジャン英国大使にカスピ海海洋開発を相談した。英国大使はＢＰ（British Petroleum ブリティッシュ・ペトロリアム）を推薦し、この時からアリエフ大統領・

ＢＰ・アゼルバイジャン国営石油会社（SOCAR）の協力関係が始まった。

現在のイルハム・アリエフ大統領はヘイダル・アリエフ大統領の長男である。選挙を経ての大統領就任ではあるが、旧ソ連邦諸国において権力が親から子供に継承された初めての事例となった。

アゼルバイジャンでは輸出額の九割以上が石油（原油・石油製品）と天然ガス輸出になる。Ｉ・アリエフ大統領は非石油・ガス産業部門の発展を標榜しているが、今後も天然資源依存型経済構造は変わらないだろう。上流部門の探鉱・開発についてはカスピ海の海洋資源開発重視政策を継承しており、ＢＰをオペレーター（主操業者）とする企業コンソーシアム（企業連合）はアゼル・チラグ・グナシリ（ＡＣＧ）海洋鉱区にて一九九七年十一月に原油生産を開始した。

ＡＣＧ鉱区にて原油生産開始以降、右肩上がりの原油生産量になったが、二〇一〇年の５０８０万トンをピークとして、以後、生産量は減少に転じた。原油生産量減少の原因はＡＣＧ海洋鉱区の原油生産量減少で

2019 年末現在	確認可採埋蔵量	世界シェア (%)	可採年数
原油（10 億バレル）	7.0	0.4	25
天然ガス（兆 m^3）	2.8	1.4	117

表 3．アゼルバイジャンの原油・天然ガス確認可採埋蔵量
（出所：BP Statistical Review of World Energy, June 2020）

あり、アゼルバイジャン国営石油会社（SOCAR）の原油生産量も低下傾向が続いている。

なお同社のアブドゥラエフ社長は二〇一三年九月、アゼルバイジャンの原油生産量は二〇一〇年以降減少しているが、一三年で底打ちとなり、ＡＣＧ鉱区の原油生産回復に伴い、一四年より同国全体の原油生産量は回復するだろうとの見通しを発表したが、その後もアゼルバイジャンの原油生産減少傾向に歯止めはかかっていない。

一方、天然ガスに関しては、カスピ海シャハ・デニーズ（Shah Deniz）海洋鉱区第一段階の天然ガス生産が二〇〇六年末に始まった。シャハ・デニーズ海洋鉱区第二段階プロジェクトは二〇一三年末に最終投資決定が行われ、二〇二〇年十二月現在、天然ガスを順調に生産している。

カスピ海海洋鉱区――ＡＣＧ原油鉱区

カスピ海における本格的な原油商業生産は、アゼルバイジャン領海カスピ海ＡＣＧ海洋鉱区をもって嚆矢《こうし》とする。同鉱区はＰＳＡ（Production Sharing Agreement 生産物分与契約）に基づき、ＢＰをオペレーターとするコンソーシアムが探鉱・開発・生産を担当している。Ｐ

SAは一九九四年九月二十日に調印され、「世紀の契約」と呼ばれている。このプロジェクトには日本企業二社（伊藤忠と現 INPEX）も参画している。

同海洋鉱区では一九九七年十一月に原油生産が始まり、二〇二〇年九月末までの累計生産量は38億バレル超になった。同鉱区では現在、一二四本の生産井、三九本の水攻法用井戸、七本のガスコンデンセート生産井が稼働している。この「世紀の契約」は二〇一七年九月十四日に更改され、新PSA（生産物分与契約）は二〇四九年末まで有効である。

天然資源の探鉱・開発契約はPSAが主流となっている。PSAとは、投資家（通常、企業連合）が全額自分で資金を出して、他国の土地で地下資源（炭化水素資源など）を開発する契約である。投資家側は自分で資金を出して資源が見つかれば、その資源を地主（国家）と分配する。分配する比率は契約ごとに異なるが、見つからなければ丸損となり撤退する。資源が見つかった場合、投資家側はそれまでに投資した資金（初期投資額）をまず回収する。原油の場合はコストオイル、天然ガスの場合はコストガスと呼ばれる。コストオイルの対立概念がプロフィットオイルで、投資家側はコストオイルを受領し、地主（国家）はプロフィットオイルを受け取る。投資家側がコスト回収中は、コストオイルの割合はプロフィットオイルよりも多い。投資家側がコストを回収すればあとの生産物は利益となるので、この場合コストオイルとプロフィットオイルの割合は逆転する。

アゼルバイジャンはカスピ海沖合で生産される原油の輸出ルートとして、「バクー～スプサ（ジョージア）」ルート（西ルート）とBTC（バクー・トビリシ・ジェイハン Baku Tbilisi Ceyhan の頭文字）パイプラインを活用しているが、アゼルバイジャン国営石油会社はバクーから黒海沿岸ロシアのノヴォロシースク港までの原油パイプライン（北ルート）にて、自社が所有する陸上鉱区から生産された原油を輸送している。北ルートでは二国間契約により年間500万トンの輸送が義務つけられているが、実際には毎年100～200万トンが輸送されているにすぎない。ロシア側からは輸送量増量を求められているが、アゼルバイジャン側は輸送料値下げをロシア側に求めている。

BTCパイプラインでは二〇〇九年にカザフスタンのテンギ原油を輸送開始したが、その後輸送料金問題が発生。二〇一〇年度以降、カザフ産原油のトランジット輸送は一旦停止された。カザフ産原油はBTCパイプライン輸送の代わりに、バクーからジョージアの黒海沿岸バツーミ港まで鉄道輸送された。しかし鉄道輸送料金は高く、二〇二〇年十二月現在、BTCパイプラインによる原油輸送は再開されている。

カスピ海海洋鉱区――シャハ・デニーズ鉱区

アゼルバイジャン領海カスピ海シャハ・デニーズ海洋鉱区にて、BPをオペレーターとするコンソーシアム（企業連合）が天然ガスとガスコンデンセートを生産している。第一段階の天然ガスは二〇〇六年末に生産開始したが、様々な生産トラブルに見舞われ、本格的商業生産が軌道に乗ったのは〇七年以降となる。

第二段階の天然ガス生産は二〇一九年に始まった。シャハ・デニーズ海洋鉱区においては、天然ガス生産開始以来二〇年九月末までの累計生産量は天然ガス１３００億立法メートル、ガスコンデンセート３１００万トンになった。この海洋鉱区は当初、大油田鉱区と考えられていたが、ＢＰが試掘（試し掘り）した結果、大ガス田であることが判明。大油田のはずが大ガス田であったことにより、その後急速にアゼルバイジャンとトルクメニスタンの外交関係が悪化した。現代の技術をもってしても、地下数千メートルに何があるのかないのかは、実際に試掘しないと分からないのが実情である。

3　その他のカスピ海沿岸国――ロシア、トルクメニスタン、カザフスタン、イラン

ロシアの原油・天然ガス事情

ロシアの原油・天然ガス確認可採埋蔵量は表4の通りである。
ロシアのアキレス腱は経済である。ロシア経済は天然資源依存型経済構造であり、筆者はこのような経済構造を「油上の楼閣経済」と呼んでいる。ロシア経済はこれまで油価高騰に支えられてきたため油価依存経済から脱却できず、逆にますます依存度を高めていった。アゼルバイジャンも同様である。

油価低迷は旧ソ連邦でも新生ロシア連邦でも致命的な打撃となる。一九八〇年代後半、油価はバレル十ドル台となり、瞬間的には十ドルを割った。この結果、一九九一末にソ連邦は崩壊した。

新生ロシア連邦のB・エリツィン初代大統領政権末期には二十ドル前後の低水準が続き、

国庫財源は払底し、同大統領は一九九九年の大晦日、唐突に辞任した。

　エリツィン大統領は後任大統領候補にＶ・プーチン首相を指名。後任候補となったプーチン首相（兼大統領代行）は二〇〇〇年三月の大統領選挙で当選し、同年五月、大統領に就任した。

　大統領就任後に油価上昇を最大限に享受したプーチン大統領は、結果として油価の虜になった。ロシア経済は二〇〇〇年代前半、原油・ガス価格上昇と輸出拡大、好調な内需等に支えられて成長した。原油・石油製品・天然ガスを中心とする燃料・エネルギー関連輸出額がロシア輸出総額に占める割合は、一九九二年の約45％から近年では約70％まで上昇した。

　油価が高くなればロシア経済は発展し、油価が下がれば経済は縮小する。

　ロシア国庫歳入案に占める石油（原油と石油製品）・ガス関連税収案は、プーチン大統領が誕生した二〇〇〇年は約二割であった。油価が

2019年末現在	確認可採埋蔵量	世界シェア(%)	可採年数
原油（10億バレル）	107.2	6.2	25
天然ガス（兆 m^3）	38.0	19.1	56

表4.　ロシアの原油・天然ガス確認可採埋蔵量
（出所：BP Statistical Review of World Energy, June 2020）

バレル百ドルを超える高騰時には国庫歳入の半分以上が石油と天然ガス関連税収であったが、逆もまた真なり。油価下落はロシアの国庫と経済に大きな打撃を与えることになる。リーマンショック後の二〇〇八年から〇九年にかけて油価が急落した際、GDP成長率もマイナス七・八％まで低下した。

二〇二〇年のロシア国家予算案想定油価（ウラル原油）はバレル四二・四ドルだが、政府予測は五七ドルである。

ロシア財務省は二〇二〇年三月五日、二〇〇六年から一九年までの国家予算収支実績を発表した。石油・ガス税収とは主に地下資源採取税＋石油・ガス輸出関税を指すが、LNG輸出関税はゼロである。二〇二〇年国家予算案の想定油価はバレル四二・四ドルであり、想定油価以上の場合、追加税収（主に輸出関税）は石油関連税収を財源とする「国民福祉基金」に入る。

GDP比7％を超える国民福祉基金残高は、ロシア政府が議会の承認なしで自由裁量で使用できる。これが予算案想定油価を意図的に低く設定する背景である。二〇年十一月現在の低水準（四〇ドル前後）で油価が推移する場合、黒字予算案は赤字予算になるだろう。

ロシアのノーヴァク・エネルギー相は二〇年三月十日、「現在の油価水準でも国民福祉基金が千五百億ドルあるので、六～十年間は持ち堪える。現在の油価水準の場合、国庫歳入は約二兆ルーブルの減収になり、GDPを〇・九％引き下げる」と発言した（二兆ルーブルは約三百億ドル）。

参考までに石油関連税収を財源とする「安定化基金」は二〇〇四年一月、当時のA・クードリン財務相により創設された。「安定化基金」は〇八年二月、「準備基金」（予備基金、約千二百億ドル継承）と「国民福祉基金」（次世代基金、約三百七十億ドル継承）に分割された。準備基金の目的は国家予算が赤字になった場合の補填用原資、国民福祉基金の主目的は年金補填や新規優良プロジェクトへの投融資である。

準備基金は国家予算赤字補填用基金だが、二〇一七年末までに払底したため、一八年一月国民福祉基金に統合された。なぜ払底したのかと言えば、国家予算の赤字を補填したためで、準備基金が消滅した。

二〇年十一月一日現在の資産残高は一六七六億ドルになっている（ロシア財務省発表）。二〇年は油価四二・四ドルを前提に予算を組んでいるので、国家予算は赤字必至となり、国民福祉基金はさらに減少するだろう。

二〇二〇年三月十三日に英国のフィナンシャル・タイムズ紙が、以下の長文記事を掲載（配信）している。大変有益な内容なので、参考までに要旨を訳出したい。

「ロシアはサウジアラビアが米国のシェールオイルに仕掛けた油価下落戦争を利用できるのか？」

・ロシア経済は欧米の対露経済制裁措置発令・強化と二〇一五年以降の油価低迷により打撃を受けた。

・OPEC＋諸国が協調減産開始以来、米国の原油市場シェアは4％増加、ロシアとサウジアラビアの市場シェアは3％減少した。

・OPEC臨時総会は二〇年三月五日、油価を維持すべく日量150万バレルの追加協調減産に合意した。しかし翌六日、ロシアのI・セーチン・ロスネフチ社長は追加協調減産枠設定に反対。結果として、四月一日からの協調減産枠は合意に達せず、三月九日に油価は三割も暴落した。

郵便はがき

232-0063

郵送の場合
は切手を貼
って下さい。

横浜市南区中里1—9—31—3B

群像社

読者係

行

＊お買い上げいただき誠にありがとうございます。今後の出版の参考にさせていただきますので、裏面の読者カードにご記入のうえ小社宛お送り下さい。同じ内容をメールで送っていただいてもかまいません（info@gunzosha.com）。お送りいただいた方にはロシア文化通信「群」の見本紙をお送りします。またご希望の本を購入申込書にご記入していただければ小社より直接お送りいたします。代金と送料（一冊240円から最大660円）は商品到着後に同封の振替用紙で郵便局からお振り込み下さい。

ホームページでも刊行案内を掲載しています。
http://gunzosha.com
購入の申込みも簡単にできますのでご利用ください。

群像社　読者カード

●本書の書名（ロシア文化通信「群」の場合は号数）

●本書を何で（どこで）お知りになりましたか。

1 書店　2 新聞の読書欄　3 雑誌の読書欄　4 インターネット

5 人にすすめられて　6 小社の広告・ホームページ　7 その他

●この本（号）についてのご感想、今後のご希望（小社への連絡事項）

小社の通信、ホームページ等でご紹介させていただく場合がありますのでいずれかに◯をつけてください。（掲載時には匿名に する・しない）

お名前《ふりがな》

ご住所
（郵便番号）

電話番号
（Eメール）

購入申込書

書　　名	部数

・サウジアラビアは三月九日、欧州市場向けにバレル二五ドルでアラビアン・ライト（ＡＬ）を提案したが、この対抗措置はロシアにとり想定外だった（筆者註―ウラル原油とＡＬは油の性状が似ている）。
・ロシア財務省は三月九日、「油価二七ドルの場合、国民福祉基金から毎年二百億ドル補填することになる。油価二五～三〇ドルの場合、ロシア財政は六年から十年は耐えられる」と発表した。
・ロシアのノーヴァク・エネルギー相は三月十日、「ロシアの外貨準備高は五千七百億ドル、国民福祉基金は千五百億ドルあり、今回の油価下落に対し十分準備ができている」と述べた。
・英国のオックスフォード・エネルギー研究所は、「ロシアは三年間耐えられるだろう」と発表。
・ロシアは油価バレル二五ドル以下にならない限り、協調減産枠撤廃政策を変更しないだろう。
・一方、油価下落により米シェール産業は大打撃を受けるだろう。

フィナンシャル・タイムズ紙は事実を淡々と書いているが、一番肝心の「本当の事」を書いていない。

では「本当の事」とは何か。

二〇二〇年三月一日現在の国民福祉基金残高は千二百三十一億ドルだが、赤字予算に補填すれば、その分、本来の基金の目的たる年金補填や新規プロジェクト用原資が減少する。また、基金は飽くまで資産残高であり、預金残高ではない（＝真水は少ない）。換言すれば、年金が減額されればプーチン大統領の支持率は下落し、社会不安が増幅するので、国民福祉基金を赤字補填用に大々的に充当することは実務上困難である。

二〇二〇年のロシア国家予算案想定油価（ウラル原油）はバレル四二・四ドルゆえ、油価四五〜五〇ドル程度だとロシアにとり心地よい油価になる。現にプーチン大統領もそのように述べている。しかし国家予算案想定油価のバレル四二・四ドルを割ればロシアにとり一大事であり、現実はそうなった。

一方、「ロシアとサウジアラビアが共謀して、米国のシェールオイル産業を潰すために油価下落を演出した」という陰謀説も流れたが、事実無根の妄想にすぎない。石油・ガス収入に依存した旧ソ連邦は、バレル十ドル前後の油価低迷時代に国が崩壊した。油価低迷はロシアの悪夢であり、ロシア自らが油価を下落させる政策は採らない。

二〇年三月から四月にかけて油価が暴落したのは、主要産油国間の原油協調減産協議が難航したため、業を煮やしたサウジアラビアが原油増産を発表。その結果として油価は急落した。即ち、油価下落は飽くまでも結果論にすぎない。

トルクメニスタンの原油・天然ガス事情

トルクメニスタンの原油・天然ガス確認可採埋蔵量は表５の通り。これでお分かりのごとく、同国は石油小国、天然ガス大国であり、同国のガルクィヌィシュ天然ガス鉱区は世界最大級の天然ガス鉱区である。ただし一部の専門家以外、日本には余り馴染みのない国なので、この

2019 年末現在	確認可採埋蔵量	世界シェア（%）	可採年数
原油（10 億バレル）	0.6	—	6
天然ガス（兆 m^3）	19.5	9.8	111

表 5. トルクメニスタンの原油・天然ガス確認可採埋蔵量
（出所：BP Statistical Review of World Energy, June 2020）

機会に同国の政治・経済体制を概観したい。

トルクメニスタンの面積は四八・八万平方キロメートル（日本の約一・三倍）、人口は五九七万人（二〇一九年初頭／IMF、二〇一九年十月発表）。民族構成はトルクメン系77%、ウズベク系9%、ロシア系6%、カザフ系2%である。

一九九一年十月二十七日に旧ソビエト連邦から独立宣言、憲法は九二年五月採択、二〇〇八年九月に改正された。

政体は共和制。二〇〇六年十二月にニヤゾフ前大統領死去後、〇七年二月にG・ベルディムハメドフ氏が新大統領に就任。一二年二月に再選され、一七年二月に三選された。

国会は一院制（百二十五議席／任期五年）で、一九九五年の国連総会で「永世中立国」の承認を受けた。今年二〇二〇年は永世中立国宣言二十五周年記念になるので、都内のホテルで十一月二十五日、二十五周年記念パーティーが開催された。

トルクメニスタン経済は天然ガスに依存している。九一年末のソ連解体後から九五年まで深刻な天然ガス生産量の減少に見舞われたが、九七年十一月にイラン向けパイプラインが建設され、二〇〇〇年にはロシア向け天然ガス輸出が再開され、天然ガス生産は拡大に転じた。

二〇一一年には中国向け天然ガス輸出が本格化して、14・7％の経済成長率を記録した。しかし一六年一月に対露ガス輸出停止、一七年一月にはイラン向け天然ガス輸出が停止。一八年以降、経済成長率は漸減傾向となった。

トルクメニスタンは、〇六年頃までは自国産天然ガスを六〇～八〇ドル／千立方メートルの安値で対露輸出していたが、〇七年末にロシアのガスプロムがトルクメニスタン産天然ガス価格を欧州市場価格基準とすることで合意した。その結果、ガスプロムのトルクメニスタン産ガス輸入価格は急上昇したが、世界経済危機の影響により、欧州ガス需要が縮小。市場価格も急落し、ガスプロム側で採算が合わない状況となった。このため、〇九年四月、ガスプロムはトルクメニスタン産ガス輸入量を九割削減すべくパイプラインのバルブを締めたが、トルクメニスタン側のガス輸送圧調整が間に合わず、ウズベキスタンとの国境で両国間を結ぶパイプライン爆発事故が発生した。この事故により対露ガス輸出は停止され、両国関係は急激に冷え込んだが、同年末のＤ・メドヴェージェフ大統領の同国訪問を契機にガス輸出は再開された。

トルクメニスタンは世界第四位の天然ガス埋蔵量を誇る。同国は旧ソ連邦時代より天然ガスの一大生産地であったが、ソ連邦解体後、大多数のロシア人技術者は同地を離れ、ロシア連邦に帰国。ロシア人技術者が開発主体であったため、地元には技術が蓄積されておらず、同国の天然ガス生産は急減した。

ニヤゾフ前大統領は天然ガス輸出拡大を目指したが、国内技術では増産不可能であった。前大統領時代の外資鎖国政策の行き詰まりが明白となったため、後任の現ベルディムハメドフ大統領は段階的に外資開放策を実施した。現大統領は天然ガスの有効利用を目指すべく、各種の天然ガス化学プロジェクトを推進している。例えば、日本の川崎重工は同国で世界初のＧｔＧ（Gas to Gasoline）商業プラントを完成させた。

トルクメニスタン産天然ガスの主要輸出先は中国向けである。しかし、中国企業による生産物分与契約鉱区（バグディャルリィク鉱区）、及び中国から融資を受けたガス田（ガルクィヌィシュ鉱区）からの天然ガス輸出のため、天然ガス輸出代金の大半は過去の借入金返済に充当されている。このためトルクメニスタンにとり手取り現金収入は少なかったが、過去の債務も徐々に消化されつつある。

本格的な対露天然ガス輸出も二〇一九年七月に始まった。対露輸出では「生きたお金」が入るので、トルクメニスタンにとり干天の慈雨になる。今後注目を浴びる新規パイプライン建設構想はカスピ海横断海底パイプライン建設構想になるだろうが、実現は困難と言わざるを得ない。

一方、ロシアにとり欧州天然ガス市場は金城湯池である。大量のトルクメニスタン産天然ガスがカスピ海経由欧州市場に輸出されることは脅威となるので、ロシアは当然対策を講じることになるだろう。他方、欧州の大手ガス需要家にとり、ロシアの西シベリア産天然ガスとともにカスピ海周辺地域の天然ガスが新規供給源となることは大歓迎である。更に、米国産ＬＮＧも欧州市場に殺到している。欧州ガス市場を巡る天然ガス供給者間の競争はますます激化しガス価格は下落しているが、経済原則に基づく価格競争は供給者にも需要家にも良い意味での刺激となるだろう。

トルクメニスタン産天然ガスの輸出先

トルクメニスタンは、従来ロシアに依存していたガス輸出ルートの多角化を打ち出し、中国向け天然ガス輸出に注力してきた。中国とは、ガルクィヌィシュ天然ガス鉱区の探鉱・開発を通じて関係が緊密化している。中国は二〇〇九年にガルクィヌィシュ鉱区開発プロジェクト（第一期工事）用に四十億米ドルの借款を行い、一一年四月には将来の中国向けガス輸出を担保として、更に四一億米ドルの追加的特恵融資を実施した。これは、トルクメニスタンが借り入れた二国間融資としては異例の巨額融資であった。

二〇〇九年末に中国向け一本目の天然ガス幹線パイプライン（ラインA）が稼動。以後、二本目（B）と三本目（C）も順次稼働し、二〇年十二月現在、三本の幹線パイプラインで中国向けに天然ガスを輸出している。

トルクメニスタンは二〇一四年まではロシア向けガス輸出は年間90～100億立方メートルで推移したが、一五年は28億立方メートルに激減。一六年一月一日にロシア向けは全面的に輸出停止となった。その後一九年に天然ガス供給再開交渉が合意。同年四月から試

	2014	2015	2016	2017	2018	2019
ロシア	9.0	2.8	0	0	0	-
イラン	6.5	7.2	6.7	0	0	-
中国	25.5	27.7	29.4	31.7	33.3	31.6
その他	0.5	0.3	1.1	2.0	1.9	-
総 計	41.6	38.1	37.3	33.6	35.2	31.6

表 6. トルクメニスタンの国別天然ガス輸出量推移
（出所：BP 統計 2020 年版／単位 bcm ＝ 10 億 m^3）

験供給となり、同年七月からは本格的ガス供給が再開された。五年間の長期契約で、年間五十五億㎥の天然ガスを供給することになっている。

イラン向けガス輸出に関しては、二〇一二年に欧米諸国によるイラン産石油の禁輸措置の影響等により、トルクメニスタン産天然ガスのイラン向け輸出量は減少。一七年一月からはイラン向けガス輸出は停止され、中国向け輸出が主流となった。

なお、トルクメニスタン最大のガルクィヌィシュ天然ガス鉱区は硫黄分を６％含有しており、脱硫装置が必要である。脱硫しないと、天然ガスパイプラインに天然ガスを注入できない。これが、トルクメン側が以前よりこの脱硫プラント用融資と貿易保険付保を日本側に依頼しているゆえんである。

カザフスタンの原油・天然ガス事情

カザフスタンの三大油田はテンギス陸上鉱区、カラチャガナク・ガスコンデンセート鉱区、北カスピ海カシャガン海洋鉱区である。この三鉱区でカザフスタンの原油生産量の六割以上を占める。

カザフスタンの原油生産量と消費量推移は次ページの通りで、原油生産量と消費量の差が輸出能力になる。

カザフスタンのK・ボズンバエフ・エネルギー相は二〇一九年九月九日、同国の原油生産百二十周年記念式典にて、「二〇二五年までに同国の年間原油生産量は一億五千万トンに達する予定」と発表した。同期間の原油関連投資総額は四四五億ドルの予定で、主要内訳はテンギス原油生産拡張計画三六八億ドル、北カスピ海カシャガン海洋鉱区第一段階増産計画二〇億ドル、カラチャガナク生産拡張計画四五億ドルになると発表された。

テンギス鉱区の原油可採埋蔵量は同国全体の可採埋蔵量の約四分の一（約10億トン）、生産量は約三分の一（日量60万バレル）を占める。ソ連邦時代の一九七九年に発見されたテンギス油田は、ソ連邦解体・カザフスタン共和国独立後の九一年末に生産開始。同鉱区で生産される原油は主にCPC（Caspian Pipeline Consortium カスピ海パイプライン・コンソーシアム）パイプラインでロシアの黒海沿岸ノヴォロシースク港近郊の南オゼレエフカ出荷基地まで輸送され、同基地からタンカーで日本含む世界中に輸出されている。

またテンギス原油の一部はカスピ海対岸のバクーまでタンカー輸送され、BTCパイプラインで地中海沿岸トルコのジェイハン出荷基地まで輸送され、同基地から世界市場に輸出されている。トルクメニスタン領海カスピ海産原油の一部もタンカーでバクーまで輸送され、同パイプラインでジェイハン出荷基地から輸出されている。テンギス陸上油田の開発を担当する合弁会社は一九九三年四月に設立されたＴＣＯ（Tengizchevroil テンギスシェブルオイル）、オペレーターは米国の石油会社シェブロンである。

ＴＣＯの二〇一四年原油生産量は２６７０万トン（前年比マイナス１・５％）となり、当時テンギス陸上鉱区では年間１２００万トンの増産計画を策定。最終的には年間３８６０

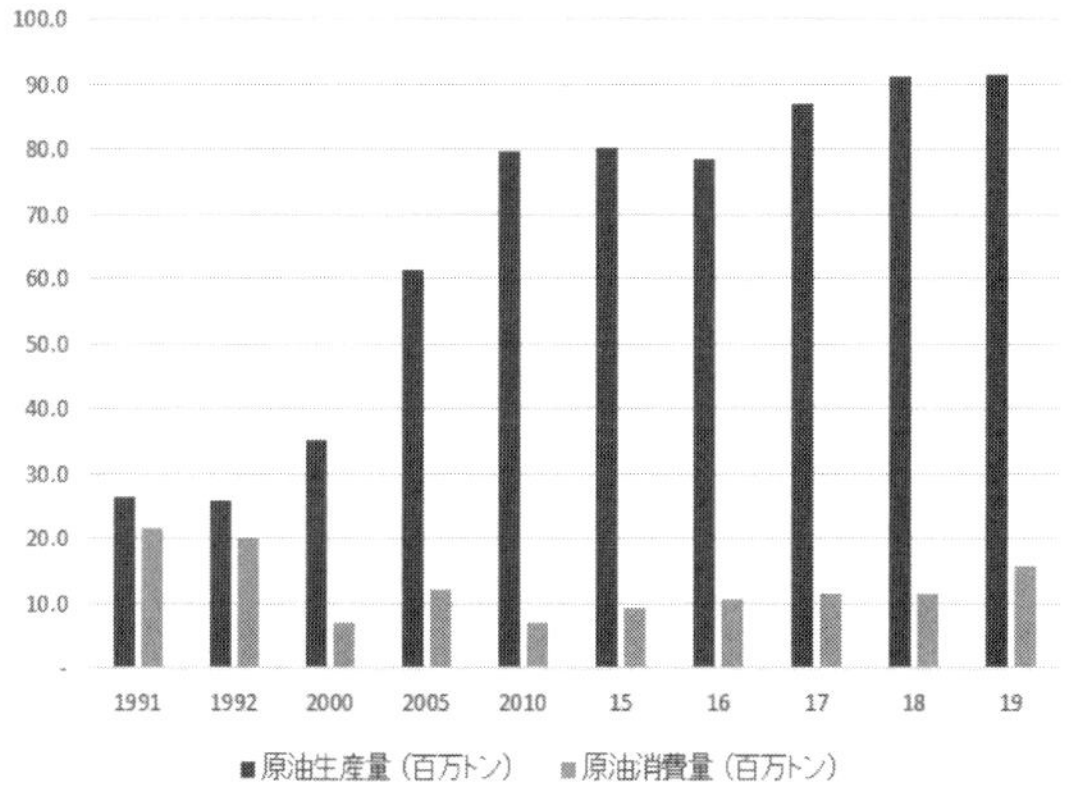

カザフスタンの原油生産量・消費量推移
（出所：BP Statistical Review of World Energy, June 2020）

万トンの原油生産量を目指していた。

ところがTCOは一五年五月、テンギス鉱区の原油増産計画延期を発表した。遅延理由は油価低迷に起因する。同社によれば、同鉱区の原油生産コストはバレル二五ドル、カザフスタン平均は五〇ドルと発表された。

カザフスタン領海北カスピ海カシャガン海洋鉱区は確認埋蔵量百億バレルの大油田である。同海洋鉱区の原油生産開始は二〇〇五年に設定されていたが、厳しい気象条件もあり、原油生産開始は当初目標の〇五年から大幅に遅れた。カシャガン海洋鉱区では二〇年十二月現在、既に日量38万バレルの生産量を達しており、二三年までに日量42万バレル、二七年までに50万バレルを目指している。

北カスピ海の開発は当初、イタリアの石油会社AGIPがオペレーターを務めることになっていたが、現在では同鉱区の探鉱開発を担当する事業会社は北カスピ海操業会社（NCOC）である。なお、カシャガン海洋鉱区の原油生産はバレル百ドル以上でないと採算に乗らないと報じられている。

当初の第一期開発構想は左記の通り三段階に分かれていた。

①二〇〇七年末までに日量20万バレル
②二〇〇八年末までに日量28万バレル
③二〇一三年末までに日量42万バレル

開発は三つの人工島により掘削・生産され、人工島で生産された原油は原油とガスに分離後、海底パイプラインで統合陸上処理施設に輸送されることになっており、海底パイプライン概要は次の通り。

28インチ原油パイプライン――年間輸送能力2250万トン
28インチ天然ガスパイプライン――年間輸送能力66億立方メートル
16インチ天然ガスパイプライン――年間輸送能力18億立方メートル（脱硫済み天然ガス）

天然ガスは上記以外、年間88億立方メートルが生産現場にて再圧入される予定になっていた。カシャガン海洋鉱区の問題点は開発コストの高騰と当時は原油輸出用パイプラインの輸送能力が限られていたことであり、期首見積もりでは、第一期開発費は七〇億ドルであった。

イタリアのＡＧＩＰは二〇〇一年、カザフスタンのナザルバエフ大統領に〇五年の原油生産開始を約束して、オペレーターシップ（主操業者権利）を獲得した。ところが〇四年、カザフスタン政府はカザフスタン国営石油ガス会社カザムナイガス（ＫＭＧ）のコンソーシアムへの権益参加を主張、第一期開発構想承認が遅れた。その後、英国のＢＧ（ブリティッシュ・ガス）が撤退すると、ここでカザフスタン政府は悲願のコンソーシアム入りを果たし、コンソーシアムの第一期開発構想を承認した。ＢＧは自社保有全権益16・６％の半分を六・三億ドルでカザムナイガスに、残り半分を他の外資に九億ドルで譲渡して撤退した。

その後、カザフスタン政府は二〇一三年七月二日、米国のコノコ・フィリップスが北カスピ海操業会社（ＮＣＯＣ）に保有する権益八・四％を先買い権行使により取得することを決定。ナザルバエフ大統領はカズムナイガスにこの権益を取得させ、カズムナイガスは念願のＮＣＯＣ最大の権益保有企業となった。

第一段階の投資総額は当初二百四十億ドルであったが、現在では五百億ドル以上と見積もられている。

ＮＣＯＣは二〇一三年九月十一日、カシャガン海洋鉱区人口島Ｄにて原油生産開始を正式発表した。ところが九月二十四日に天然ガスパイプラインにガス漏れが発見され、一旦操業停止。パイプライン修理後の十月六日に原油生産は再開されたが、十月九日に原油生産は再び停止した。ＮＣＯＣは当時、楽観的見通しでは一六年後半、悲観的見通しでも一七年には原油生産再開予定と発表。最終的には一六年九月二十八日に原油試験生産が開始され、同年十月に商業生産が再開された。

カラチャガナク原油・ガスコンデンセート鉱区はソ連邦時代の一九七九年に発見され、八四年に第一段階の開発・生産事業が始まった。同鉱区の埋蔵量は原油とガスコンデンセート十二億トン、天然ガス１兆３５００億立方メートル。カラチャガナク鉱区の原油・ガスコンデンセートは主にＣＰＣパイプラインでロシア黒海沿岸に輸送されている。

ソ連邦解体直後の一九九二年、ブリティッシュ・ガス、イタリアのエニはカザフスタン政府にて生産物分与契約交渉開始、一九九五年に四十年間有効の生産物分与契約が調印された。カザフスタン議会は一九九八年にこの生産物分与契約を批准して、同契約は発効した。

一九九七年には米国のシェブロンとロシアのルークオイルが権益参加、二〇一二年にはカザフスタン国営石油ガス会社カズムナイガス（ＫＭＧ）が権益参加した。この結果、プロジェクトを推進する事業会社KPO（Karachaganak Petroleum Operating B.V.）の権益参加者はブリティッシュ・ガスとエニが各々29・25％、シェブロン18％、ルークオイル13・5％、カザフスタン国営石油ガス会社KMG10％となった。

同鉱区の第二段階は一九九九年に始まり、二〇〇三年に第二段階のガスコンデンセート生産が開始された。二〇二〇年十二月現在、同プロジェクトはカザフスタンの天然ガス生産の約四十五％、原油生産の約十八％を占めている。同鉱区の天然ガスは高濃度の硫黄分を含むので脱硫装置建設構想もあったが、ガスコンデンセート生産を維持すべくガス圧入する途を選び、ガス処理プラント建設構想を断念した。

イランの原油・天然ガス事情

イランの原油・天然ガス埋蔵量は表6の通りである。

イランは天然ガス大国であるが、主要ガス田はペルシャ湾の海洋鉱区

2019年末現在	確認可採埋蔵量	世界シェア（%）	可採年数
原油（10億バレル）	155.6	9.0	121
天然ガス（兆 m^3）	32.0	16.1	131

表6. イランの原油・天然ガス確認可採埋蔵量
（出所：BP Statistical Review of World Energy, June 2020）

であり、カスピ海では天然ガスを生産していない。

カスピ海の北側沿岸は大河が流れ込むので土砂が流入して浅瀬になるが、南側は水深が深い（北カスピ海カシャガン海洋鉱区は水深四〜五メートルである）。北側はヴォルガ川が流れ込むのに対し、南側には流れ込む川がないからである。この事情は黒海でも同じである。黒海のロシアやウクライナ沿岸は浅瀬だが、トルコの北側沿岸は大水深になる。大水深探鉱・開発技術のないイランはカスピ海では探鉱作業を行っていない。

トルコの台頭

欧州の天然ガス市場シェア獲得競争において、今後天然ガスのトランジット国、及び将来の天然ガス生産国としてトルコの重要性が増してくること必至である。

トルコのパイプラインガス輸入先はロシア、イラン、アゼルバイジャンの三か国で、この三か国からトルコが毎年どの程度の天然ガスを輸入しているのか、次ページのグラフで確認しておきたい。

この二つのグラフより、トルコのＬＮＧ輸入量は漸増、パイプラインガス輸入量は減少。

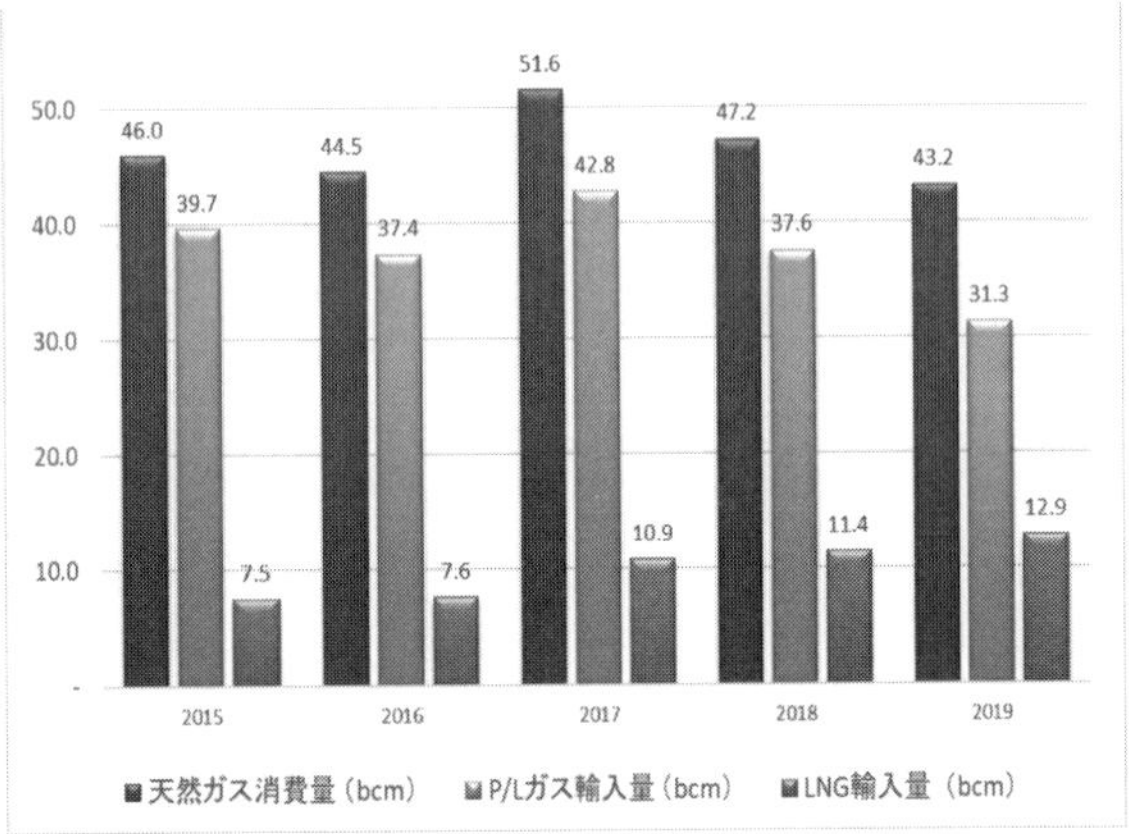

トルコの天然ガス輸入量推移
単位：bcm ＝ 10 億㎥　P/L= パイプライン

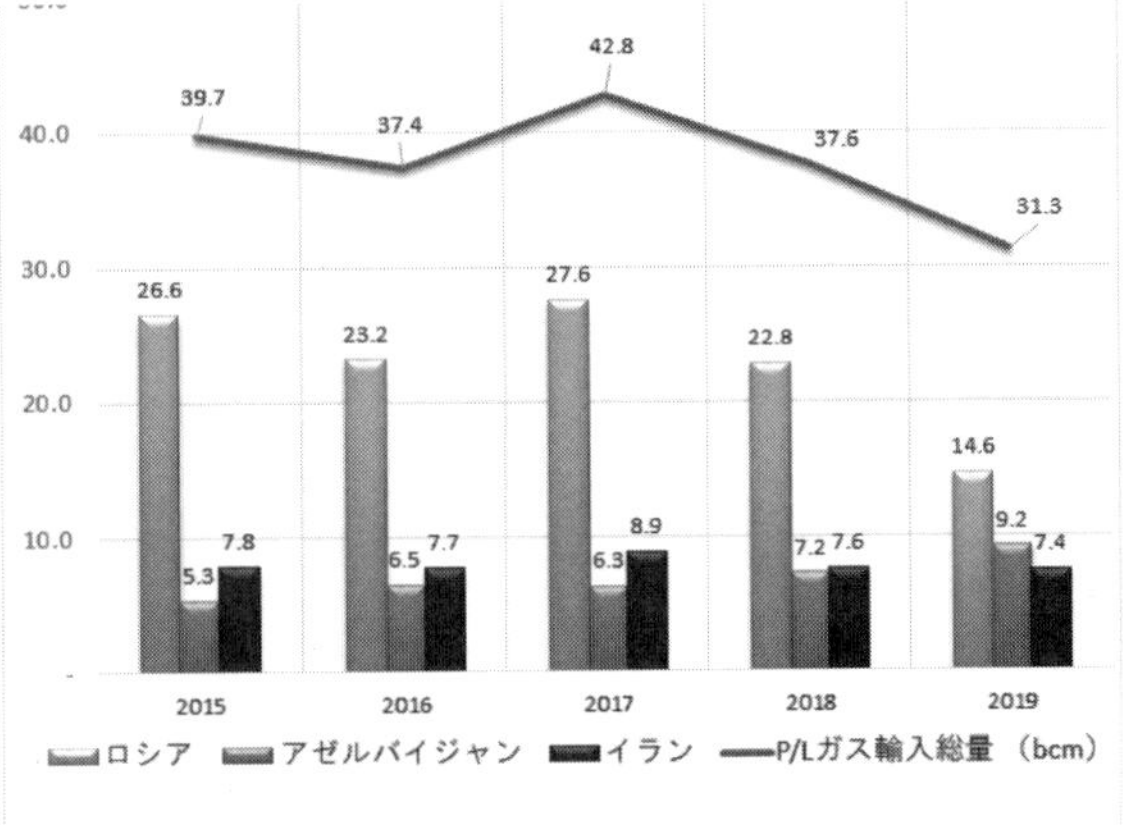

トルコの天然ガス　国別輸入量推移　単位：bcm ＝ 10 億㎥
（グラフはいずれも英 BP 統計資料 2020 年版より筆者作成）

また、直近三年間ではロシアとイランからのガス輸入量は減少、アゼルバイジャン産天然ガスは急増していることが分かる。

アゼルバイジャン領海カスピ海産天然ガスが急増しているのは自明の理とも言えよう。なぜなら、カスピ海産天然ガスを南欧に輸出するプロジェクトはトルコが主導しているからである。既にアゼルバイジャンからジョージア経由トルコに天然ガスは輸出されており、トルコからギリシャ向けにも二〇二〇年十一月十五日に天然ガス輸出が始まった。

天然ガス市場におけるトルコの台頭は、競合するロシアのガスプロムにとり大打撃となるだろう。

パイプライン一口メモ②／流れる速度は？

筆者はバクー駐在中、ＢＴＣ原油パイプライン建設現場で労働者と共に建設に従事していました。

日本の銀行団から融資を受けたプロジェクトであり、日本から大勢の政治家や銀行団をはじめとする様々なお客様を建設現場に案内しました。

日本には国際パイプラインが存在しないので、パイプライン建設作業に触れる機会はないのですが、現場で建設作業を見ると訪問者には様々な疑問が湧いてきます。

ＢＴＣパイプライン建設現場で沢山の質問を受けましたが、いつも質問される共通事項が三点ありました。三点とは次の通りです。

①パイプラインは地震の際、大丈夫か？

②パイプラインは何年稼働可能か？

③パイプラインの中を流れる速度は？

「パイプラインは固い」というイメージがあると思いますが、実は柔軟性があります。自動車のボンネットの上に手を乗せればへこみますが、手を離せばまた元に戻ります。このような鋼板を高張力鋼板と言います。パイプラインも同様です。イメージとして長い針金のような感じですが、大地震がきて断層ができた場合、鋼管が破損する事故は想定されます。

原油パイプラインが破損すれば中の原油が流出して環境汚染を引き起こすので、長距離パイプラインの場合、一定間隔でブロックバルブを設置します。事故やテロ行為が発生した場合、このブロックバルブが瞬時に作動して中の流体物の流れを止め、被害を最小限に食い止めます。

二つ目のパイプライン稼働年数ですが、近年の鋼管は高品質なので、五十年でも百年でも稼働可能です。ただし、一つだけ前提条件があります。それはパイプラインを常に保守・点検して、必要に応じ定期修理することです。

三つ目は面白い質問です。現場でないと湧かない疑問だと思いますが、実は答は簡単です。

原油パイプラインの中には原油が充填されています。パイプライン建設が完工して検査が終了すると、中に原油を注入します。この注入作業を「ラインフィル」と言います。口径四十二インチ、全長一七六八キロのＢＴＣパイプライン内部の容量は約一千万バレルです。ですから仮に毎日五十万バレル注入すると、二十日間で出口に到達します。これを速度に換算すると時速約三・七キロ。人がゆっくり歩く速さで、原油がパイプラインの中を流れることになります。即ち、毎日注入する量により速度は変わるのです。

第3章　欧州市場を目指すパイプライン

カスピ海周地域の天然資源争奪戦

カスピ海周辺地域の輸出用原油パイプラインの代表格はBTCパイプラインとCPCパイプラインである。BTCはバクー（Baku）、トビリシ（Tbilisi）、ジェイハン（Ceyhan）の頭文字、CPCはカスピ海パイプラインコンソーシアム（Caspian Pipeline Consortium）の略となる。

アゼルバイジャン領海カスピ海産天然ガスはSCP（南コーカサスパイプライン South Caucasus Pipeline）で、アゼルバイジャンからジョージア（グルジア）経由トルコに輸出されている。

二〇一八年六月に南ガス回廊（Southern Gas Corridor＝SGC）のうちトルコ国内の中継地（エスキシェヒル）までTANAP（トルコ国内東西接続パイプライン）が完工して、シャハ・デニーズ第二段階のトルコ向け天然ガス輸出が始まった。

二〇二〇年十一月十五日には南ガス回廊の最終目的地イタリアまでのTAP（アドリア海

経由パイプライン Trans Adriatic Pipeline）が稼働。トルコ経由ギリシャ向け天然ガス輸出が始まり、二一年初頭には天然ガスがイタリアや、ギリシャから天然ガス支線パイプラインＩＧＢ（ギリシャ・ブルガリア連結 Interconnector Greece - Bulgaria）でブルガリアに輸出される見込みとなった。

１　バクー郊外サンガチャル陸上基地

アゼルバイジャン共和国の首都バクーからカスピ海沿岸を四十キロほど南下すると、右手にサンガチャル基地が見えてくる。同基地は、四大プロジェクト（ＡＣＧ海洋鉱区／ＢＴＣ／ＳＣＰ＝南コーカサスパイプライン／シャハ・デニーズ海洋天然ガス鉱区）の総合陸上処理施設である。サンガチャル基地はカスピ海産原油と天然ガスの集荷・処理・出荷基地であり、その規模と能力において世界最大級の陸上処理施設である。この基地を起点ＫＰ０《ゼロ》（ＫＰ＝Kilometer Point の略）としてＫＰ４４３がアゼルバイジャンとジョージアとの国境、ＫＰ１７６８がトルコの地中海沿岸原油出荷基地ジェイハン（終点）になる。

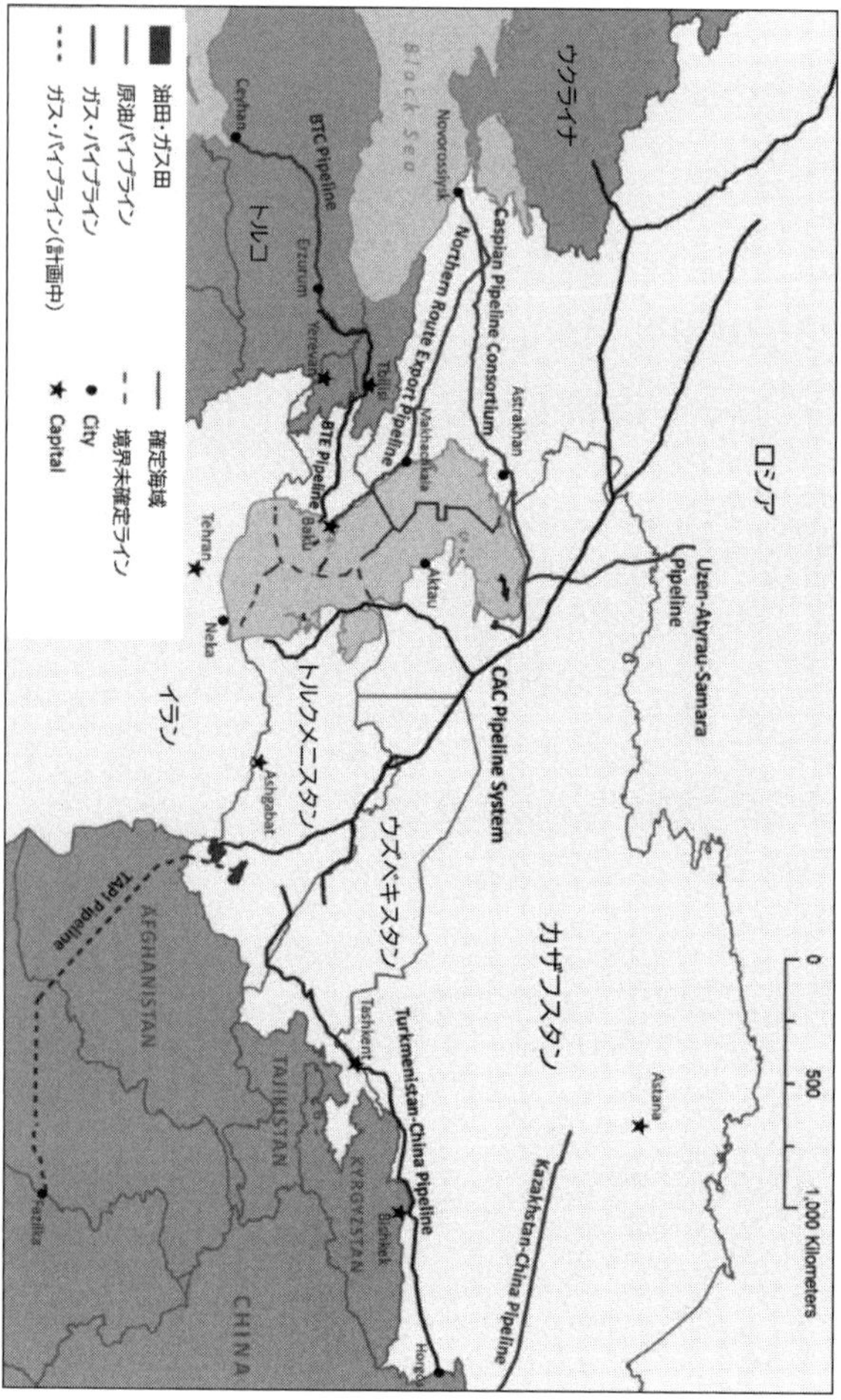

カスピ海周辺地域の既存パイプライン
(出所：EiA　名称一覧は次ページ)

地下数千メートルから採取される原油や天然ガスには不純物が沢山含まれており、代表的なものは水や硫黄分である。二酸化炭素が含まれている場合もある。その不純物を除去した後、陸上処理施設を起点とするパイプラインの中に圧力を掛けて充填・圧送された原油や天然ガスはパイプラインの終点基地まで輸送される。

海洋鉱区の場合、海洋に生産プラットフォームが据え付けられ、そこから原油や天然ガスは海底パイプラインにより陸上処理施設まで輸送される。原油から分離された水には少量の油が残っており、農業用水として使用できないので、また元の油層に戻されることが多い。

サンガチャル陸上基地で処理された輸出用原油は、①ロシア黒海沿岸ノヴォロシースク港まで、②ジョージア黒海沿岸スプサ出荷基地まで、③トルコ地中海沿岸ジェイハン出荷基地までの三方向に原油パイプラインで輸送され、各々の港から世界中に輸出されている。このサンガチャル陸上処理施設（起点）からジョージア（グルジア）経由トルコまで

原油	CPC (Caspian Pipeline Consortium)
	BTC (Baku – Tbilisi – Ceyhan)
	NREX (Baku – Novorossiysk 北方パイプライン
	WREX (Baku – Supsa) 西方パイプライン
ガス	SCP (South Caucasus Pipeline) 南コーカサスパイプライン
	TANAP (Trans Anatolian Pipeline) トルコ東西接続パイプライン
	TAP (Trans Adriatic Pipeline) アドリア海経由パイプライン

二〇二〇年十一月現在、計三本の原油（一本、口径42インチ）と天然ガス幹線パイプライン（二本、同口径）が稼働している。なお、全てのパイプラインは全線埋設されている。

　天然ガスパイプラインはサンガチャル基地からジョージア経由トルコに向かっており、アゼルバイジャン産天然ガスはジョージアとトルコに輸出されている。トルコは従来ロシアから天然ガスを大量に輸入していたが、近年はアゼルバイジャン産天然ガス輸入が多くなり、この点、ロシアとアゼルバイジャンはトルコ市場を巡り競合している。アゼルバイジャンでは以下の地図のごとく、パイプラインの起点は一か所のみである。ちなみにこの地図はモノクロだが、石油関連の鉱区やパイプラインは通常青色・緑色系統の色で表示し、天然ガス関連は赤色・オレンジ系の色を使用する。

　カスピ海海洋鉱区からサンガチャル基地まで、海底パイプ

2019 年当時の状況（出所：米エネルギー省）

ラインで炭化水素資源が搬入される。この海底パイプラインは不純物を含む炭化水素資源を輸送するので、パイプライン内部に不純物が付着して動脈硬化を起こす。故に、パイプラインの中を「ピッグ」と愛称される掃除機を入れて、パイプライン内部の表面を定期的に掃除する。掃除機が豚の姿に似ているので、このような愛称が付けられた。

一九九九年に公開された映画「００７ワールド・イズ・ノット・イナフ」に、００７とソフィー・マルソーがパイプラインの中を逃げていく場面がある。モデルはＢＴＣパイプラインと言われているが、パイプライン内部はピッグで定期的に掃除するので、あながち荒唐無稽な場面とも言えないだろう。もちろん、口径42インチでは不可能だが。筆者が二〇〇四年にバクー赴任当時、町中には「００７来たる」という看板が掛かっていた。

2　原油パイプライン――ＣＰＣとＢＴＣ

ＣＰＣ原油パイプライン

カスピ海周辺地域では一九九〇年代にカスピ海石油ブームが起こり、このまま原油開発が進展すれば、パイプラインの原油輸送能力の不足により原油生産が制限される状況が出現しかねない事態が出現した。そこで、新規原油パイプライン建設の必要性が高まり、カザフスタン最大の陸上油田テンギス鉱区からロシア側黒海沿岸ノヴォロシースク港近郊の南オゼレエフカ出荷基地まで全長１５１１キロメートルの新規原油パイプライン建設構想が浮上して、建設された。このパイプラインは沿線のカザフ産原油とロシア産原油を輸送しており、「ＣＰＣブレンド」の名前で世界中に輸出

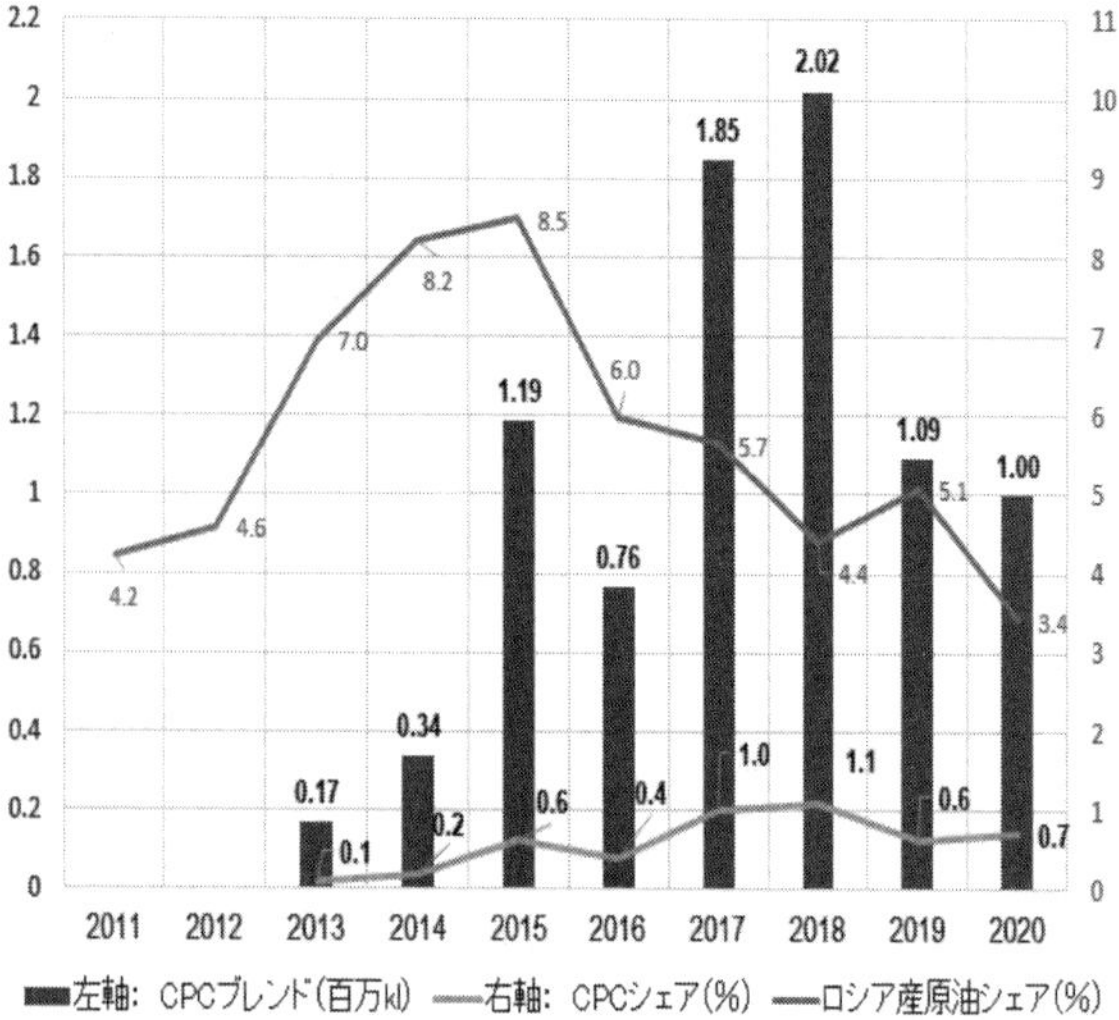

ロシア産原油とCPCブレンドの日本の輸入量推移　単位：百万kl
（出所：資源エネルギー庁統計資料より筆者作成）

されている。

ＣＰＣブレンドは硫黄分の少ない通称「スウィート（甘い）原油」と呼ばれている軽質油であり、日本にも二か月に一回の割合で輸入されている。ＣＰＣパイプラインでは二〇〇一年十月稼働以来二一年一月十日までに、累計7億６５０万トンの原油が南オゼレエフカ出荷基地から世界中に輸出され、その内訳はカザフ産原油６億１６００万トン（全体の87％）、ロシア産原油９０５０万トン（同13％）になった。

BTC原油パイプライン

バクー郊外のサンガチャル基地において二〇〇五年五月二十五日、ＢＴＣパイプラインのラインフィル記念式典が開催された。雛壇には四人の大統領と一人のエネルギー長官が臨席していた。この記念式典の席上、①「友好関係戦略パートナーシップ協定」と②「東西エネルギー回廊発展拡大宣言」の二つの文書が調印された。①はアゼルバイジャンのアリエフ大統領とカザフスタンのナザルバエフ大統領間にて調印した。②はアリエフ大統領、ナザルバエフ大統領、セザル大統領、サーカシビリ大統領、ボドマン米エネルギー長官の四人が調印。

別名「バクー宣言」と呼ばれている。

しかしここで一つ、予想外の出来事があった。それは、カザフ側がBTCパイプラインへのカザフ産原油の接続協定書に調印せず、継続交渉となったことである。これは、ナザルバエフ大統領がカザフ産原油を一方的にBTCパイプラインに流すのではなく、ロシア領を経由するCPCパイプライン拡張計画への対露切り札をちらつかせることで、当時アゼルバイジャンとカザフスタンにて交渉中の二国間輸送協定交渉を有利に進める狙いがあったと思われる。ここに、地政学的観点より対露・対米・対中交渉を有利に進めようとするナザルバエフ大統領のシタタカサが見て取れた。

BTCパイプラインの全長は1768キロメートル、口径42インチ。年間輸送能力五千万トン（日量百万バレル）だが、添加物を混入するとドロドロ原油がサラサラ原油になり、年間六千万トン（日量百二十万バレル）まで輸送可能になる。原油パイプラインを建設する際、並行して天然ガスパイプラインも建設することが決まっていたので、アゼルバイジャンとジョージアではパイプライン建設用地収用の際、幅を広く確保した。

起点のバクー郊外サンガチャル基地を出発したパイプライン建設隊は、443キロ先のアゼルバイジャンとジョージア国境まで原油パイプラインを建設。同じ建設隊が国境側から起点のサンガチャル基地まで既設原油パイプラインに並行して、同口径の天然ガスパイプラインを建設した。

ここで、国際パイプラインを建設する際の建設方法に触れておきたい。

国際長距離パイプラインは起点から終点まで順番に建設するのではない。区間を分けて、各区間ほぼ同時期に建設開始する。国際パイプラインの場合、通過する国ごとに同時に建設開始するのが通例であり、BTCパイプラインの場合、アゼルバイジャン、ジョージア、トルコの三区間で二〇〇二年ほぼ同時に建設開始。アゼルバイジャンとジョージア国境間では、両国間の既設パイプライン同士を接続する最後の一本の鋼管が二〇〇四年十月十六日に溶接された。

通常、この種の記念式典は「黄金の溶接記念式典」（ゴールデン・ウェルド）と呼ばれており、BTCの場合、アゼルバイジャンのアリエフ大統領とジョージアのサーカシビリ大統領が記念式典に参加した。

なお、パイプラインの終点トルコのジェイハン出荷基地では二〇〇六年五月に全面稼働態勢に入り、六月四日に原油タンカー第一船がジェイハン基地から出港した。この六月四日には意味がある。カスピ海シャハ・デニーズ天然ガス海洋鉱区の生産物分与契約の調印日が一九九六年六月四日なので、この日に合わせ、タンカー第一船が船出したのである。

その他の原油パイプライン

ＣＰＣとＢＴＣパイプライン以外の二系統のパイプラインに言及しておきたい。それはサンガチャル基地からロシアの黒海沿岸ノヴォロシースク港までの原油パイプライン（通称「北方パイプライン」）と、ジョージア向け原油パイプライン（「西方パイプライン」）である。

硫黄分含有量が〇・五％以下の「スウィート（甘い）原油」に対し一％以上の原油は「サワー（苦い）原油」と呼ばれている。アゼルバイジャン産海洋原油（ブランド名「アゼリ・ライト」）は軽質油で硫黄分の少ない良質な原油で、市場では高く売れる。

ところが、この北方パイプラインで輸送されるアゼリ・ライトはロシアのノヴォロシースク港の手前で、高硫黄のロシア産ウラル原油を輸送しているドルジュバ原油パイプラインと合流して、スウィート原油がサワー原油になる。アゼルバイジャンには不利になるが、一九九七年十一月にカスピ海で原油生産が始まった時はこのパイプラインしか存在しなかったので、契約上、今でも使用せざるを得ない。

もう一つの原油パイプラインは、ジョージアの黒海沿岸スプサ出荷基地までのパイプライン（口径530ミリ）であり、現在ではアゼルバイジャン国営石油会社（SOCAR）がこのパイプラインを使用している。

3　天然ガスパイプライン――「南ガス回廊」対「トルコ・ストリーム」の競合問題

「南ガス回廊」（SGC）完成

アゼルバイジャン領海カスピ海産天然ガスを、ロシアを迂回して欧州に供給する輸送インフラ構築プロジェクト「南ガス回廊」（Southern Gas Corridor／通称SGC）は四つのプロジェクトから構成されている。バクー郊外のサンガチャル基地にて二〇一八年五月二十九日、同国のI・アリエフ大統領主催の「南ガス回廊」第一段階完工記念式典が開催された。この四つのプロジェクトに参加している国のエネルギー大臣が一堂に会して協議する「南ガス回廊」

評議会はそれまでに三回開催され、第一回評議会は二〇一五年二月十二日、第二回評議会は二〇一六年二月二十九日にバクーで開催された。

第三回評議会は一七年二月二十三日にバクーで開催され、EC（欧州委員会）、アゼルバイジャン、ジョージア、トルコ、イタリア、ギリシャ、アルバニア、ブルガリアほかバルカン諸国のエネルギー大臣が出席した。この「南ガス回廊」は二〇二〇年末、遂に全面稼態勢に入った。

カスピ海シャハ・デニーズ海洋鉱区では二〇〇六年末に天然ガス生産を開始。第一段階の天然ガスは南コーカサスパイプラインで、ジョージアとトルコに輸出されている（年間60〜70億立方メートル）。同鉱区第二段階はピーク時年間160億立方メートルの天然ガスを生産する構想で、コンソーシアム（企業連合）は二〇一三年十二月十七日、最終投資決定を発表。I・アリエフ大統領は同日、「南ガス回廊」構築構想の総工費は四五〇億ドルになったと公表した。

この「南ガス回廊」概念図と構成する四プロジェクトの概観は次ページの通り。

サンガチャル基地では二〇一四年九月二十日、同基地拡張工事の鍬入れ式が開催され、シャハ・デニーズ海洋鉱区第二段階建設工事が始まった。

第一段階のSCP①（南コーカサスパイプライン）はバクー郊外のサンガチャル基地からトビリシ経由トルコのエルズルムまで全長970キロメートル／年間輸送能力80億立方メートルの天然ガスパイプラインだが、アゼルバイジャン領内では既存SCP①に並行して新規SCP②を建設した。一方、隣国ジョージアでは既存SCP①にコンプレッサー・ステーションを増設して、輸送能力を増大した。

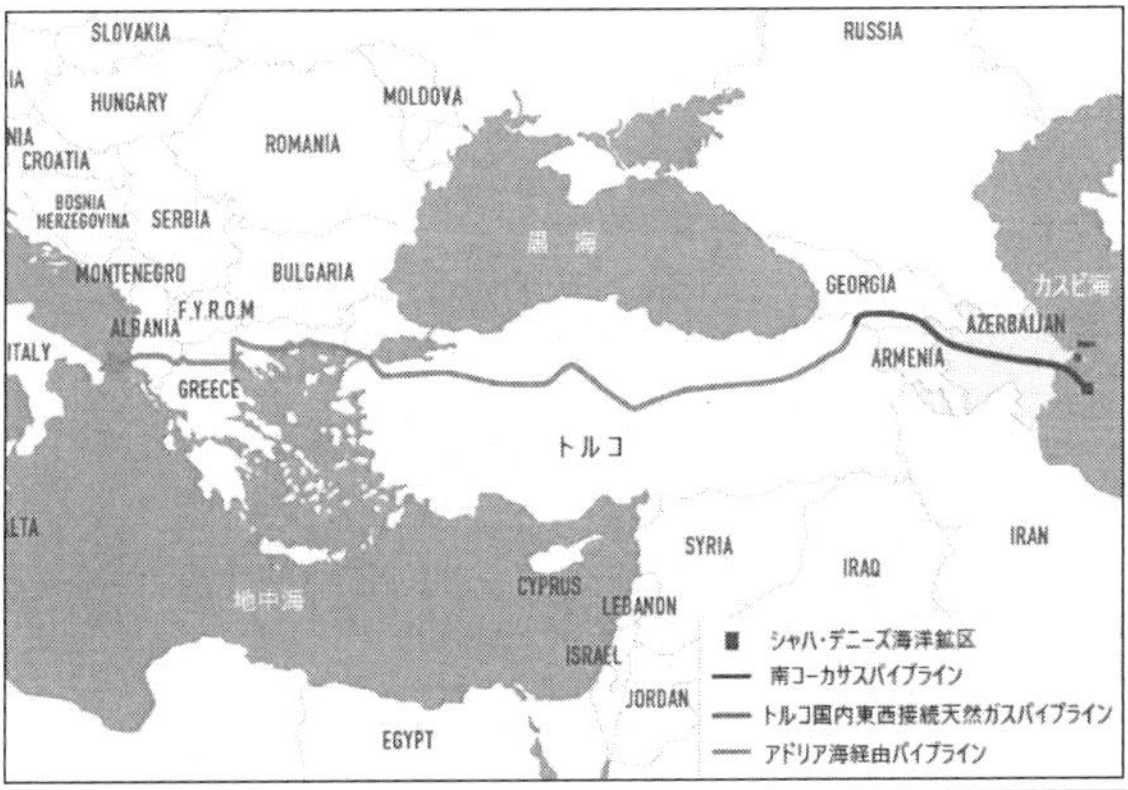

	CAPEX（総投資額）単位：10億	P/L 全長 km	年間輸送能力 bcm	工事開始年	
SD 第二段階	$23		16	2014	完
＊SCP②	$4.5	690	16	2014	完
参考 SCP①		970	8	2005	
TANAP	$10.0	1850	16（→31）	2015	完
TAP	4.5	878	10（→20）	2016	完

「南ガス回廊」概観
SCP②：アゼルバイジャン 442 km＋ジョージア 248 km（出所：BP）

カスピ海の天然ガスを欧州に輸出する「南ガス回廊」（ＳＧＣ）は欧米の政治的支援を受けたプロジェクトであり、二〇二〇年十月十三日に同プロジェクトを構成する四プロジェクトは全て完工した。ちなみに、シャハ・デニーズ第二段階プロジェクト（ピーク時年間生産量１６０億立方メートル）には、アゼルバイジャン国営石油会社ＳＯＣＡＲ（本社と子会社）五八58％、トルコの国営ガス会社ＢＯＴＡＳ30％、ＢＰ12％で権益参加している。

シャハ・デニーズ第二段階とＳＣＰ②は生産物分与契約なので、投資家側は初期投資額を生産物（コスト・ガス）で回収する。初期投資額が回収されると当該国家に納入する利益生産物（プロフィット・ガス）が増え、投資家側の手取り分（コスト・ガス）は減少する。

ＴＡＮＡＰ（トルコ国内東西接続天然ガスパイプライン）は全長１８５０キロメートルのパイプラインで、うちジョージア・トルコ国境からトルコ国内の中継地（エスキシェヒル）まで１３４０キロメートル、口径56インチ。記念式典は本来一八年七月開催予定であったが、トルコ大統領選挙が六月二十四日に繰り上げ実施されることに決定したので、選挙対策として急遽その前に記念式典が挙行された。

最初の区間（ジョージア・トルコ国境からエスキシェヒルまで）のパイプライン完工記念式典

は一八年六月十二日に挙行され、同年六月末にラインフィルを開始した。次の区間はエスキシェヒルからトルコ・ギリシャ国境まで口径48インチのパイプラインであり、この区間のラインフィル記念式典は一九年四月十五日に開催され、天然ガスがパイプラインに注入された。

ＴＡＮＡＰはカスピ海海洋シャハ・デニーズ海洋鉱区第二段階の天然ガスをアゼルバイジャンからジョージア経由、トルコに毎年60億立方メートル、トルコ経由南欧に１００億立方メートルの天然ガスを供給する構想である。期首年間輸送能力は１６０億立方メートルだが、最終段階ではコンプレッサー・ステーション増設により年間３１０億立方メートルまで輸送能力拡大を目指している。ＳＣＰとＴＡＮＡＰに接続するＴＡＰ（アドリア海経由パイプライン）は、ギリシャでは二〇一六年五月十七日に、アルバニアでは同年十月三日に建設開始。二十年十月十三日完工、十一月中旬全面稼働態勢に入った。

ＴＡＰはトルコ・ギリシャ国境からアドリア海経由イタリア向け全長８７８キロメートルの天然ガスパイプラインでギリシャ５５０キロメートル、アルバニア２１５キロメートル、アドリア海海底部分１０５キロメートル、イタリア国内8キロメートル。年間輸送能力100億立方メートル。同パイプラインの最大標高は１８００メートル（アルバニア）、最大水深は

820メートル（アドリア海）になる。

当初TAPの完工予定は二〇一九年であり、天然ガスは一九年末トルコへ、二〇年からギリシャ、ブルガリア、イタリアに供給される予定となっていたが、一年遅れの完工・稼働となった。「南ガス回廊」は二〇二〇年末までに全面稼働となり、イタリア向けにも天然ガス供給が始まった。ちなみに、トルコの二〇一八年LNG輸入量は830万トン（前年比プラス13・2％）に拡大。一方、ロシアからのパイプラインガス輸入量は一七年は290億立方メートルに対し、一八年は240億立方メートル（前年比マイナス17・5％）に減少した。

IGB建設開始記念式典開催

ブルガリアは二〇一九年五月二十二日、同国のB・ボリソフ首相とギリシャのA・チプラス首相臨席のもと、ブルガリア南部のギリシャと国境を接するキルコボ村にてIGB（ギリシャ・ブルガリア連結）天然ガスパイプライン建設開始記念式典を開催した。同パイプラインの総延長は182キロメートル（ギリシャ52キロメートル＋ブルガリア130キロメートル）、二〇二〇年末現在でも建設作業中である。

同パイプラインは、カスピ海産天然ガスを南欧に輸送するTAPからの支線となり、カスピ海シャハ・デニーズ第二段階の天然ガスをジョージア・トルコ・ギリシャ経由ブルガリアに供給する。パイプライン建設総工費は二・二億ユーロ、鋼管口径32インチ、工期十八か月。第一段階の年間輸送能力は30億立方メートル、第二段階55億立方メートル、最終段階では年間100億立方メートルを目指す。現状、TAPの年間輸送量はギリシャ向け10億立方メートル、ブルガリア向け10億立方メートル、イタリア向け80億立方メートルであり、支線のIGBは二〇二一年初頭に天然ガス供給開始を目指している。

南ガス回廊の問題点

「南ガス回廊」は二〇二〇年十一月末に稼働した。しかし初期投資額と比較して天然ガス輸出量も少なく、かつ天然ガス価格が低迷している今日、これから本格的に天然ガスの欧州向けパイプライン輸出が始まると経済性の問題が表面化するだろう。

シャハ・デニーズ海洋鉱区第一段階の天然ガスは今では年間約65億立方メートルがトルコに輸出されている。シャハ・デニーズ海洋鉱区第二段階のピーク時年間生産量は160億立方メートル。しかし、総工費四五〇億ドルでピーク時年間生産量(＝輸出量)160億立方メートルでは、誰がどう計算しても経済性はでてこない。二〇二〇年十一月現在、ロシアのガスプロムの欧州市場向け天然ガス輸出価格は千立方メートルあたり約百五十ドルである。

仮に「南ガス回廊」による天然ガス輸出価格を千立方メートルあたり二百ドルと仮定すると、年間輸出量160億立方メートルの売上金額は三二億ドルとなる。コストは四五〇億ドルなので、十五年間は利益のでないプロジェクトになってしまう。

ここにもう一つの要素が加わる。四百五十億ドルは初期投資額であり、毎年運転資金（人件費や保守・点検費など）が掛かる。とすれば、少なくとも最初の二十年間はまったく利益のでないプロジェクトになるだろう。民間企業のみのプロジェクトであれば実現不可能な構想であったが、参加主体が国営会社になっているので実現したと言わざるを得ない。民間ガス企業が主導した同種の天然ガスプロジェクト「ナブコ構想」が破綻したゆえんでもある。

「トルコ・ストリーム」

ロシアからトルコまで黒海縦断天然ガス海底パイプライン「ブルー・ストリーム」が稼働

している。同パイプラインの海底部分は３９０キロメートル、口径24インチの中径・厚肉パイプラインであり、一本の天然ガス年間輸送能力80億立方メートルのパイプラインが二本稼働している。鋼管は日本から輸出された。同パイプラインは二〇〇二年末に全面稼働態勢に入ったが、トルコ側が天然ガス受入れを拒否するなど、問題の多いパイプラインとなった。

ロシアからトルコまで黒海経由二本の天然ガス海底パイプライン「トルコ・ストリーム」も既に完工・稼働している。この「トルコ・ストリーム」は本来「サウス・ストリーム」と呼ばれており、ロシアから黒海横断ブルガリア向け海底パイプライン建設構想であったが、ＥＵ（欧州連合）や米国の圧力によりブルガリア側が「サウス・ストリーム」の受け入れを拒否したため、天然ガスパイプラインの向け先は急遽トルコに変更された。

「トルコ・ストリーム」の全長は１１１０キロメートル。内訳は海底部分９３０キロメートル、陸上部分１８０キロメートル、最大水深２２００メートルの世界最大水深の輸出用海底パイプラインである。二本のトルコ・ストリームのうち一本目は二〇一七年五月七日に建設開始、一八年四月末完工。二本目は一七年七月に建設開始した。参考までに、ガスプロムの輸出用国際海底パイプラインは次ページの通りである。

ロシアから黒海経由トルコまで二本の「トルコ・ストリーム」は二〇一九年十月十五日にラインフィル（パイプラインに天然ガスを注入する作業）開始、同年十一月二十日にラインフィルは完了した。

この天然ガスを受領するため、トルコ側はトルコ黒海沿岸揚げ地に天然ガス受入れ基地とトルコ国内１８０キロの接続パイプラインを建設した。ただし、「トルコ・ストリーム」二本目の天然ガスは南欧・中欧市場向け故、欧州需要家とガス売買契約締結が必要になる。また、二本目の「トルコ・ストリーム」はカスピ海産天然ガスをトルコ経由ギリシャとブルガリアに輸出する「南ガス回廊」と真っ向から競合することになる。

二本目のトルコ・ストリーム用天然ガス販売先は欧州向けを想定しているが、二〇二〇年十一月現在輸出契約は存在せず、販売先は見つかっていない。参考までに、トルコ・ストリームの概念

	最大水深 (m)	全長 (km)	口径 (インチ)	年間輸送能力 (bcm)
ブルー・ストリーム	2150	390 × 2	24”	8 × 2 本
トルコ・ストリーム①	2200	930 × 2	32”	15.75 × 2
ノルト・ストリーム①	210	1224 × 2	48”	27.5 × 2
ノルト・ストリーム②	210	1220 × 2	48”	27.5 × 2

ロシアの輸出用海底パイプライン　bcm ＝ 10 億㎥
（出所：トルコ TPAO）

図は以下の通り。

4　トルコは天然ガス大国に？

トルコのエルドアン大統領は二〇二〇年八月二十一日、トルコ沖合180キロに位置する黒海の排他的経済水域において天然ガスが発見され、推定埋蔵量は3200億立方メートルと発表。「二〇二三年から天然ガス生産開始を希望している」と述べた。エルドアン大統領の発言の背景は、二三年がトルコ建国百周年記念にあたるからである。即ち、実務とは関係のない、優れて政治的な発言と言わざるを得ない。

この発表後、「3200億立方メートルはトルコの年間ガス消費量の七年分、金額にして約六四〇億ドルに相当

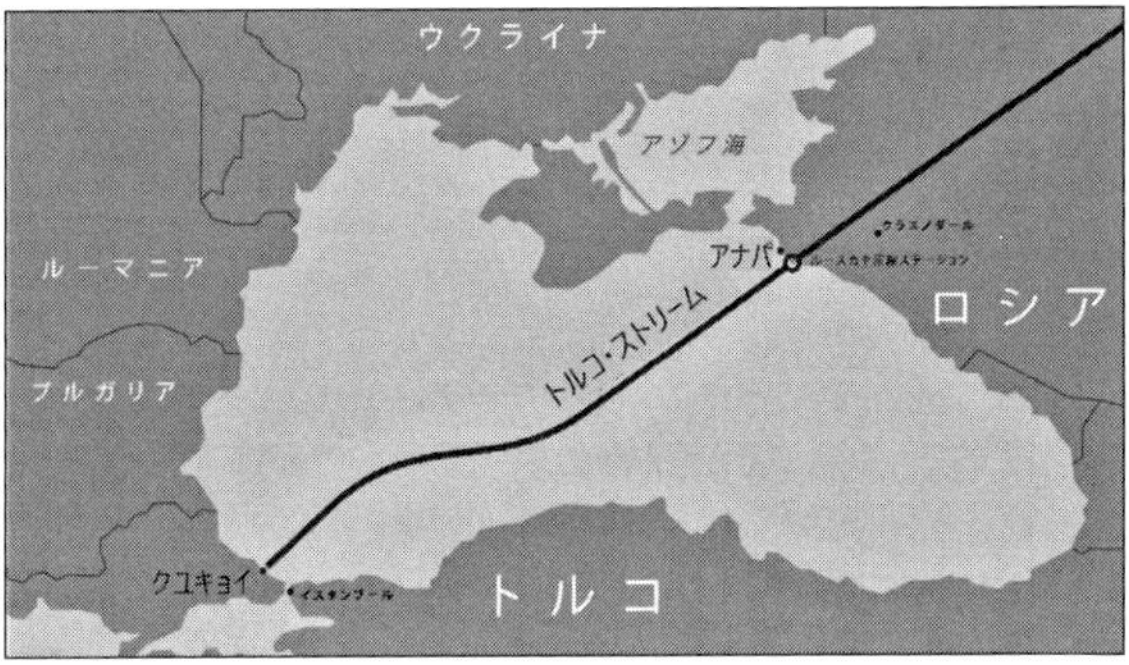

（出所：ガスプロム資料から筆者作成）

する」との新聞報道も流れたが、これらは全て取らぬ狸の皮算用の類に他ならない。

この報道のあと、筆者は本件に関して色々な方面から、鉱区位置や今後の見通しに関する照会を受けた。趣旨は「トルコは本当に二〇二三年から黒海で天然ガス生産開始可能か？」というものであった。結論から先に書けば、物理的に困難である。筆者は「絶対に」という言葉を極力使わないようにしているが、今回の「二〇二三年商業生産開始は絶対に不可能である」と言わざるを得ない。今後仮に開発に移行するにしても、筆者は、本格的生産開始は早くて五年後と予測している。

トルコの黒海天然ガス鉱区

ではここで、トルコの排他的経済水域のどの部分でガス兆を発見したのか、地図で確認しておきたい。今回試掘してガス兆を発見した現場鉱区は黒海のトルコ排他的経済水域における「トゥナ1」海洋鉱区の試掘一号井である。

掘削深度4525メートル（海面からの距離）、水深2100メートルの地点で、推定埋蔵量は3200億立方メートル。大水深ゆえ、探鉱・開発作業は困難を伴う。ちなみに、掘削深度とは海面からの距離を指す。

事業主トルコのトルコ国営石油会社は大水深掘削船「Fatih」（征服者）を投入。同船は全長229メートル、積載重量3万4300トン、最大掘削深度1万2200メートル。「スパッド・イン」（開坑）は二〇二〇年七月二十日で、試掘井を掘削開始してから約一か月でガス兆を発見したことになる。掘削現場はブルガリアとルーマニアの排他的経済水域の境界線に近くに位置する。評価井を掘削しないと分からないが、今後ガス層の広がり如何ではカスピ海同様、隣国との境界線係争問題が生じるかもしれない。

トルコの今後の探鉱・開発構想とその影響は?

石油・ガスの探鉱・開発事業は通常、探鉱段階／評価段階／開発段階の三段階に分類される。今回の黒海におけるガス

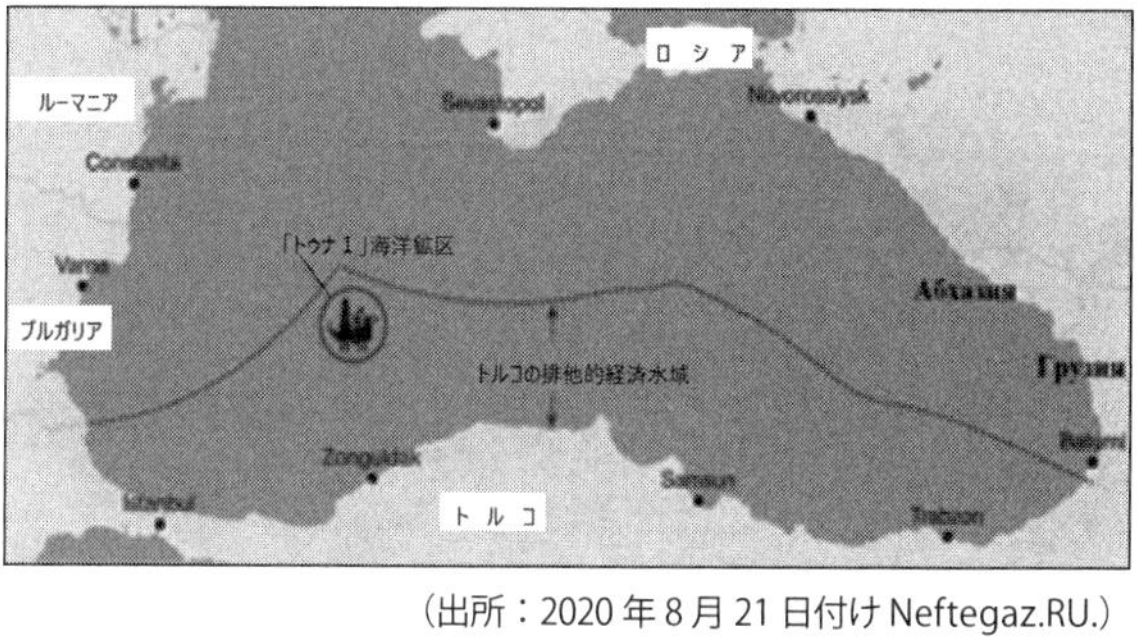

（出所：2020年8月21日付けNeftegaz.RU.）

兆発見は、試掘して天然ガスの存在を発見した段階で、今後は埋蔵量評価のため、更に複数の評価井の掘削が必要になる。評価井を何本も掘削して、ガス層の厚さ、層圧、拡がりなどを調査した上で確認埋蔵量を評価し、投入する技術に応じて確認可採埋蔵量を算出。その後、本格的開発・生産段階に移行するかどうかの最終投資決定を行う。この時点で油価・ガス価格を考慮の上、経済性がないと判断されればプロジェクトを断念・中断する。断念する場合は掘削した油井やガス井にコンクリートを流し込んで、廃坑とする。

開発・生産段階に移行する場合、海洋鉱区では天然ガス生産用海洋プラットフォームの建設に入り、生産現場海域に据付ける。並行して陸上処理施設を建設し、海洋プラットフォームから陸上処理施設まで海底パイプラインを建設する作業も必要になる。今回は大水深鉱区なので総工費も高くなり、技術的にもかなり高度な作業が要求されることになるので、本格的な商業生産に漕ぎつけるまでに最低五年は掛かるだろう。

では本格的生産が始まると仮定すると、どのような影響がでてくるのか？　ロシアのガスプロムは現在トルコ向けに天然ガスを輸出しているが、ガスプロムは大手ガス需要家たるトルコ市場を失う可能性がある。アゼルバイジャンのI・アリエフ大統領はエルドアン大統領に対し、今回の黒海ガス兆発見に対する祝電を送り、祝福の電話も掛けた。しかし今回のトルコ黒海ガス兆発見に一番心胆を寒からしめたのは、実はアリエフ大統領その人であったと推測する。もしトルコが天然ガス生産大国・純輸出国になれば、総額四百五十億ドルを投入して構築した「南ガス回廊」が無用の長物と化してしまうからである。

「南ガス回廊」構想はあくまでトルコは天然ガス輸入国であり、カスピ海から欧州向け天然ガス輸出のトランジット輸送路であることを前提に構築された。しかしトルコが天然ガス生産大国になり、自給自足どころか純輸出国にでもなれば、トルコにとりカスピ海産天然ガス輸入も不要になってしまう。即ち、最大の敗北者はガスプロムではなく、アゼルバイジャンとＢＰをオペレーターとするシャハ・デニーズ海洋鉱区コンソーシアムになるだろう。さらには、トルコに天然ガスを輸出しているイランも、トルコ経由欧州に天然ガス輸出を夢見ているトルクメニスタンも打撃を受けることになる。

繰り返すが、現段階は試掘してガス兆を発見した段階にすぎない。３２００億立方メートルは推定埋蔵量であり、確認埋蔵量ではない。今後評価井を何本も掘削して、鉱区ガス層の厚さと拡がりを調査してから確認可採埋蔵量を算出する。その後、本格的開発・生産段階に移行するかどうかの最終投資決定を行うが、この段階で撤退・凍結もあり得る。

現在、ガス価格は低迷している。今後もガス価格低迷が続くと判断すれば、大規模投資しても投入資金を回収できないかもしれない。仮にそのような結論に到れば、この段階で撤収、或いは凍結することになるだろう。もちろん、（経済性がなくても）税金を投入して開発に移行することは物理的には可能だが、この場合、結果として国益を損ねることになる。

開発段階に移行すると決定すれば、天然ガス生産用海洋プラットフォームの建造に入る。建設だけで二～三年必要で、コストは数千億円（数十億ドル）かかる。プラットフォーム完工後に海

建造中のプラットフォームの上部構造（ACG鉱区、著者撮影）

洋鉱区に据付け、陸上処理施設を建設して、プラットフォームから海底パイプラインを陸上処理施設まで建設する。

通常、大陸棚での開発・生産の場合、生産用海洋プラットフォームは下部構造と上部構造の二つの構造物から構成される。下部構造は「土台」で通常四本の脚になる。上部構造には生産井掘削用の掘削リグや居住用施設、ヘリポート、各種設備を搭載する。大陸棚の場合、通常最大水深は二百メートル程度なので、土台を海底に固定して上部（四本の脚）を水面上に出し、その上に上部構造をスッポリと填め込む。しかし黒海は水深が深いので、大水深の場合は別の種類の浮体式海洋プラットフォームが必要になる。

懸念材料

大水深の探鉱作業やパイプライン敷設作業は莫大なコストが掛かる。ロシアから黒海経由トルコ向けに二系統の天然ガスパイプラインが稼働している。最初に建設されたのは「ブルー・ストリーム」二本で、最大水深は２１５０メートル。次が「トルコ・ストリーム」で同じく二本建設され、最大水深は２２００メートル。この水深は現状、輸出用国際パイプラインとしては世界最大水深の海底パイプラインになる。

水深2000メートルに海底パイプラインを敷設できる敷設船は世界に数隻しかなく、傭船も困難になろう。繰り返しになるが、今後評価井を何本も掘削して確認可採埋蔵量を出し、実際の開発作業に移行するかどうか判断してから生産用海洋プラットフォームの製造に入り、海底パイプラインを建設し、同時に沿岸に一次処理施設を建設する作業に最低五年は掛かるだろう。

もう一つ、別の懸念材料がある。黒海のトゥナ1海洋鉱区はブルガリアの排他的経済水域の近くに位置しており、地下ガス層の広がり具合ではブルガリアやルーマニアの排他的経済水域にも入っている可能性もある。この場合、隣国との鉱区係争問題が発生することも想定される。世界中の陸上鉱区・海洋鉱区で同様の問題が生じていることを付記しておきたい。

トルコは東地中海の係争海域でも海洋鉱区の探鉱作業をしており、下手をすると黒海と地中海両方で二正面作戦を強いられる懸念も出てくる。トルコがトランジット大国となると、近い将来、第二のウクライナになる可能性もあると考える。

5　アゼルバイジャンとトルクメニスタンの確執
――カスピ海横断天然ガス海底パイプライン建設構想の顛末――

「南ガス回廊」に経済性を持たせるためには天然ガス供給能力の拡大が必要だが、アゼルバイジャンには「南ガス回廊」に天然ガスを供給するに十分な天然ガスが存在するかどうか疑問である。アゼルバイジャンには様々な新規天然ガス探鉱・開発プロジェクトがあり、一部進行中ではあるが、今後十分な天然ガス供給量を確保できるかどうかは予断を許さない。故に、他の天然ガス供給源の可能性も検討されており、その一つが「カスピ海横断海底パイプライン建設構想」だが、実はこの構想は一九九〇年代から存在する。

当時、トルクメニスタンは天然ガス大国であった。一方、BPをオペレーターとするシャハ・デニーズコンソーシアムは、シャハ・デニーズ海洋鉱区は大油田鉱区だと考えていた。ところが実際に試掘してみると油兆はなく、結果として大ガス田であることが判明した。

現代の技術をもってしても、地下数千メートルに何かあるのか・ないのか、あるとすれば何があるのかは実際に掘ってみないと分からないのが実情である。

アゼルバイジャン側は、シャハ・デニーズ海洋鉱区は大油田だと予測していた。即ち、アゼルバイジャンに十分な天然ガスは存在しないと考えていたので、アゼルバイジャンとトルクメニスタンはカスピ海横断天然ガスパイプライン建設構想で基本合意に達した。

トルクメニスタンのカスピ海東岸からアゼルバイジャンのカスピ海西岸まで新規に三百キロメートルの海底パイプラインを建設し、トルクメン産天然ガスを西側に輸出する構想だが、カスピ海境界線画定問題の存在が構想実現を阻害してきた。特に、ロシアはこの海底パイプライン構想に反対を表明してきた。ところがその後、シャハ・デニーズ海洋鉱区がガス田であることが判明したので、アゼルバイジャン側はこの建設合意を反故。その結果、両国間の外交関係が悪化した。しかし第五回カスピ海サミットの結果、海底パイプライン建設構想に関する法的問題は原則解決したので、今後は実務的問題のみとなった。

ただしもう一つ、根本的な問題が存在する。欧州天然ガス市場の需要予測減退に伴い、トルクメニスタン産天然ガスが欧州市場に必要かどうかという問題も表面化した。

米国は二〇一八年から世界最大の産油国となり、欧州市場向けに原油と天然ガス（ＬＮＧ）

輸出拡大を虎視眈々と狙っている。

パイプライン一口メモ③／天然ガスパイプラインとＬＮＧはどちらが得？

よく受ける質問に、天然ガスを輸出する場合、パイプライン輸送とＬＮＧ輸送はどちらが得かという質問があります。日本は土地代が高いのでパイプラインは余り普及していませんが、大陸国家の欧米では石油・ガスパイプライン網が完備しています。

メタンを液化するにはマイナス一六二度に冷却し、圧力を掛けて気体を液体にします。この場合、体積は約六百分の一になります。ＬＮＧは特殊船で液体のまま輸送され、受入基地のＬＮＧタンクで貯蔵され、気化され、また元の気体に戻ります。

パイプライン建設には莫大な資金が必要ですが、メタンを主成分とする天然ガスは常温では気体ですから、パイプラインで気体のまま輸送する方が輸送費は安上がりです。しかし日本は天然ガスを全量ＬＮＧの形で毎年約八千万トン輸入しています。

二十年ほど前、サハリンから東京まで海底パイプラインで天然ガスを供給する構想が浮上しました。当時筆者はサハリンに駐在しており、この構想に直接関与していました

――が実現せず、筆者は今でも返す返す残念に思っております。もし実現していたら、日本のエネルギー事情は大きく変わっていたことでしょう。

おわりに――欧州石油・ガス市場を巡る覇権争いと「脱炭素」時代の到来――

カスピ海と黒海周辺地域における石油・ガス事情が大きく変貌を遂げようとしている。最近、カスピ海の天然資源が再度脚光を浴びてきた理由は、欧州ガス市場におけるロシア産天然ガスのシェアが四割を超えたことに起因する。EU（欧州連合）はカスピ海周辺地域からロシアを迂回する天然ガス輸出構想を「南エネルギー回廊」と命名、EUは対露天然ガス依存度を軽減すべく同構想の実現を支援してきた。この構想実現の重責を担うのがアゼルバイジャンとトルコであり、二〇二〇年十一月中旬にこの構想は完成した。

米国は世界最大の天然ガス生産国である。二〇一七年からは世界最大の産油国にもなり、欧州市場向け石油（原油と石油製品）と天然ガス（LNG）の輸出拡大を目指している。

「脱炭素」時代の到来とともに需要減退が予見される欧州の石油・ガス市場を巡り、カスピ海と黒海周辺地域の石油・ガスとロシア産石油・ガスと米国産石油・LNGのシェア獲得競争は今後ますます激化すること必至と言えるだろう。

かつてサウジアラビアのヤマニ石油相曰く、「石がなくなったので、石器時代が終わったのではない」。今は「脱炭素」時代の黎明期。後世の産業人から「石油・ガスがなくなったので、石油の時代・ガスの時代が終わったのではない」と言われないように、石油・ガス産業は大局観をもって、自らを変革する努力が今ほど求められている時代はないであろう。

最後に、本書執筆の機会を与えていただいた立教大学 蓮見雄教授と群像社 島田進矢氏に感謝いたします。

主要参考文献

本村眞澄『石油大国ロシアの復活』(アジア経済研究所、二〇〇五年)
廣瀬陽子編著『アゼルバイジャンを知るための67章』(明石書店、二〇一八年)
廣瀬陽子『アゼルバイジャン——文明が交錯する「火の国」』(群像社、二〇一六年)
杉浦敏廣「カザフスタン石油事情」(『ペトロテック』二〇一九年第十二号、石油学会)
杉浦敏廣「油価下落の地政学」(『世界経済評論』二〇二〇年九・十月号、国際貿易投資研究所)
杉浦敏廣「油価低迷に苦しむカスピ海沿岸資源国」(『石油・天然ガスレビュー』二〇一六年十一月号、ＪＯＧＭＥＣ)

杉浦 敏廣（すぎうら としひろ）
1950年生まれ。大阪外国語大学ドイツ語学科卒業後、伊藤忠商事に入社。一貫して旧ソ連邦諸国とのビジネスに従事しモスクワ、サハリン、バクー（アゼルバイジャン）に駐在。鋼管ビジネスや石油・天然ガスのプロジェクトを担当し西シベリア、オホーツク海、カスピ海における石油・ガス鉱区にて探鉱・開発・生産・輸送業務に従事。2015年退職。現在、環日本海経済研究所（ERINA）共同研究員。著書（共著書）に『北東アジアのエネルギー安全保障』（ERINA叢書）、『アゼルバイジャンを知るための67章』（明石書店）、『世界の主要産油国と日本の輸入原油』（油業報知新聞社）。

ユーラシア文庫 20
カスピ海《かい》のパイプライン地政学《ちせいがく》　エネルギーをめぐるバトル
2021年6月22日　初版第1刷発行

著　者　杉浦 敏廣

企画・編集　ユーラシア研究所

発行人　島田進矢

発行所　株式会社 群 像 社
神奈川県横浜市南区中里 1-9-31 〒 232-0063
電話／FAX 045-270-5889　郵便振替　00150-4-547777
ホームページ　http://gunzosha.com
E メール　info@gunzosha.com
印刷・製本　モリモト印刷

カバーデザイン　寺尾眞紀

ISBN978-4-910100-17-3

「ユーラシア文庫」の刊行に寄せて

1989年1月、総合的なソ連研究を目的とした民間の研究所としてソビエト研究所が設立されました。当時、ソ連ではペレストロイカと呼ばれる改革が進行中で、日本でも日ソ関係の好転への期待を含め、その動向には大きな関心が寄せられました。しかし、ソ連の建て直しをめざしたペレストロイカは、その解体という結果をもたらすに至りました。

このような状況を受けて、1993年、ソビエト研究所はユーラシア研究所と改称しました。ユーラシア研究所は、主としてロシアをはじめ旧ソ連を構成していた諸国について、研究者の営みと市民とをつなぎながら、冷静でバランスのとれた認識を共有することを目的とした活動を行なっています。そのことこそが、この地域の人びととのあいだの相互理解と草の根の友好の土台をなすものと信じるからです。

このような志をもった研究所の活動の大きな柱のひとつが、2000年に刊行を開始した「ユーラシア・ブックレット」でした。政治・経済・社会・歴史から文化・芸術・スポーツなどにまで及ぶ幅広い分野にわたって、ユーラシア諸国についての信頼できる知識や情報をわかりやすく伝えることをモットーとした「ユーラシア・ブックレット」は、幸い多くの読者からの支持を受けながら、2015年に200号を迎えました。この間、新進の研究者や研究を職業とはしていない市民的書き手を発掘するという役割をもはたしてきました。

ユーラシア研究所は、ブックレットが200号に達したこの機会に、15年の歴史をひとまず閉じ、上記のような精神を受けつぎながら装いを新たにした「ユーラシア文庫」を刊行することにしました。この新シリーズが、ブックレットと同様、ユーラシア地域についての多面的で豊かな認識を日本社会に広める役割をはたすことができますよう、念じています。

ユーラシア研究所